普通高等教育教材

化工综合实验教程

王云飞　张先明　主编
王思琼　副主编

化学工业出版社
·北京·

内容简介

《化工综合实验教程》根据化工原理实验和化学工程与工艺专业实验特点编写,全书分为实验室安全守则、化工原理实验、专业实验三个部分共33章。其中编排实验30个,分为验证型、设计型、综合型实验三类。教材实验内容系统性较强、紧扣实验教学要求、引入3D虚拟仿真实验、注重学生应用技能的培养,能充分发挥学生学习的自主性和主动性,强化实践动手能力,培养解决复杂问题的综合能力。

本书可作为普通高等学校化学工程与工艺等专业的教学用书。

图书在版编目(CIP)数据

化工综合实验教程 / 王云飞, 张先明主编; 王思琼副主编. -- 北京: 化学工业出版社, 2025.2. -- (普通高等教育教材). -- ISBN 978-7-122-46830-7

Ⅰ.TQ016

中国国家版本馆 CIP 数据核字第 2024JN6297 号

责任编辑: 王海燕   文字编辑: 邢苗苗
责任校对: 王 静   装帧设计: 关 飞

出版发行: 化学工业出版社
(北京市东城区青年湖南街13号 邮政编码100011)
印 装: 北京科印技术咨询服务有限公司数码印刷分部
787mm×1092mm 1/16 印张 10¾ 字数 255 千字
2025年2月北京第1版第1次印刷

购书咨询: 010-64518888   售后服务: 010-64518899
网 址: http://www.cip.com.cn
凡购买本书, 如有缺损质量问题, 本社销售中心负责调换。

定 价: 38.00元   版权所有 违者必究

前言

化工原理实验和化学工程与工艺专业实验属于普通高等教育化学工程与工艺专业及相近专业的必修实验课，是化学工程与工艺专业课程的重要组成部分。本书根据化工原理实验和化学工程与工艺专业实验特点编写。具有以下特色：

（1）实验内容的系统性较强。实验项目涵盖化工单元操作、化工热力学、化学反应工程、化工分离工程等理论知识点。从化工实验研究的共性出发，每个实验的教学内容主要由实验目的、原理、装置、操作步骤、注意事项、数据处理、实验报告等部分构成。

（2）以培养应用技能型学生为目标，注重教材的实践性和单元操作的工程性。实验内容接近企业实际生产条件，强调实验操作，注重培养学生的动手能力和实验技能，提高学生的工程实践能力。

（3）实验内容紧扣实验教学要求，分为验证型、设计型、综合型实验。学生可根据自身学习需求和兴趣设置设计型实验的内容，充分发挥学习的自主性和主动性，强化实践动手能力。设置综合实验的目的是培养学生解决复杂问题的综合能力，培养学生运用多个知识点、多种实验技能和方法开展综合性实验的能力。

（4）引入了3D虚拟仿真实验，为现代化教学提供新手段、新方法和新途径。增加了实验操作的趣味性，达到了寓学于乐的目的。

全书共分为三部分，均由鄂尔多斯应用技术学院化学工程系化学工程与工艺教研室教师编写。其中，第1~3章由侯丽华编写；第4章由王建敏编写；第5~6章、第14~17章、第30~32章由王思琼编写；第7~9章由张先明编写；第10~13章由李宇编写；第18~21章由王云飞编写；第22、24~26章由王跃梅编写；第23、27~29章由周欣编写；第33章由郑志磊编写；附录由王云飞编写。文中插图由王思琼审核、美化修改；全书由王云飞、张先明统稿，内蒙古大学化学化工学院高官俊主审，王思琼校审。

鉴于编者学识有限，书中难免有不妥之处，希望读者予以指教，使得本书日臻完善。

编者
2024年9月

目录

● 第一部分　实验室安全守则 / 001

第1章　实验室的一般安全守则　002
第2章　事故的预防　003
2.1　认识危险化学品　003
2.2　火灾、爆炸、中毒及触电事故的预防　005
第3章　意外事故的处理及救护措施　007

● 第二部分　化工原理实验 / 009

第4章　离心泵串并联实验3D仿真　010
4.1　实验目的　010
4.2　实验原理　010
  4.2.1　泵的并联工作　010
  4.2.2　泵的串联工作　011
4.3　实验装置　011
4.4　实验步骤　012
  4.4.1　实验前准备　012
  4.4.2　泵Ⅰ特性曲线测定　012
  4.4.3　泵Ⅱ特性曲线测定　012
  4.4.4　双泵并联特性曲线测定　012
  4.4.5　双泵串联特性曲线测定　013
4.5　数据处理　013
4.6　实验报告　013
思考题　013

第5章　吸收（二氧化碳-水）实验3D仿真　014
5.1　实验目的　014
5.2　实验原理　014
  5.2.1　气体通过填料层的压降　014
  5.2.2　传质性能　014
5.3　实验装置　017
5.4　实验步骤　017
  5.4.1　开车准备　017
  5.4.2　流体力学性能试验——干塔实验　018
  5.4.3　流体力学性能试验——湿塔实验　018
  5.4.4　吸收传质实验　018
  5.4.5　停止实验　018
5.5　数据处理　018
5.6　实验报告　018
思考题　018

第6章　萃取塔实验3D仿真　019
6.1　实验目的　019
6.2　实验原理　019
6.3　实验装置　020
6.4　实验步骤　021
  6.4.1　引重相入萃取塔　021
  6.4.2　引轻相入萃取塔　021
  6.4.3　调整至平衡后取样分析　021
6.5　数据处理　021
6.6　实验报告　021
思考题　021

第 7 章 干燥速率曲线测定实验 3D 仿真　022

- 7.1　实验目的　022
- 7.2　实验原理　022
- 7.3　实验装置　024
- 7.4　实验步骤　024
- 7.5　数据处理　025
- 7.6　实验报告　025
- 思考题　025

第 8 章 精馏实验 3D 仿真　026

- 8.1　实验目的　026
- 8.2　实验原理　026
- 8.3　实验装置　027
- 8.4　实验步骤　027
- 8.5　数据处理　028
- 8.6　实验报告　028
- 思考题　029

第 9 章 恒压过滤实验 3D 仿真　030

- 9.1　实验目的　030
- 9.2　实验原理　030
  - 9.2.1　过滤常数 q_e 的测定方法　030
  - 9.2.2　洗涤速率与最终过滤速率的测定　031
- 9.3　实验装置　031
- 9.4　实验步骤　032
- 9.5　数据处理　033
- 9.6　实验报告　033
- 思考题　033

第 10 章 伯努利方程演示实验　034

- 10.1　实验目的　034
- 10.2　实验原理　034
  - 10.2.1　连续性方程　034
  - 10.2.2　机械能衡算方程　035
  - 10.2.3　管内流动分析　035
- 10.3　实验装置　036
  - 10.3.1　工艺流程检查　036
  - 10.3.2　试验前的准备　036
  - 10.3.3　装置的开工　036
  - 10.3.4　装置的停工　037
- 10.4　实验步骤　037
- 10.5　数据处理　037
- 10.6　实验报告　038
- 思考题　038

第 11 章 雷诺实验　039

- 11.1　实验目的　039
- 11.2　实验原理　039
- 11.3　实验装置　039
  - 11.3.1　工艺流程检查　040
  - 11.3.2　试验前的准备　040
  - 11.3.3　装置的开工　040
  - 11.3.4　装置的停工　040
- 11.4　实验步骤　040
  - 11.4.1　层流流动型态　040
  - 11.4.2　湍流流动型态　040
- 11.5　数据处理　041
- 11.6　实验报告　041
- 思考题　041

第 12 章 旋风分离实验　042

- 12.1　实验目的　042
- 12.2　实验原理　042
- 12.3　实验装置　042
- 12.4　实验步骤　043
  - 12.4.1　工艺流程检查　043
  - 12.4.2　试验前的准备　043
  - 12.4.3　装置的开工　043
  - 12.4.4　装置的停工　043
- 12.5　数据处理　044
- 12.6　实验报告　044
- 思考题　045

第 13 章 流体流动阻力测定实验　046

- 13.1　实验目的　046
- 13.2　实验原理　046
  - 13.2.1　直管阻力摩擦系数 λ 的测定　046
  - 13.2.2　局部阻力系数 ξ 的测定　047
- 13.3　实验装置　047
- 13.4　实验步骤　048
- 13.5　数据处理　048
- 13.6　实验报告　049
- 思考题　050

第 14 章 流量计系数测定实验　051

- 14.1　实验目的　051

14.2 实验原理 051
14.3 实验装置 052
14.4 实验步骤 052
14.5 数据处理 053
14.6 实验报告 053
思考题 053

第15章 离心泵特性测定实验 054

15.1 实验目的 054
15.2 实验原理 054
    15.2.1 扬程H的测定与计算 054
    15.2.2 轴功率N的测量与计算 055
    15.2.3 效率η的计算 055
15.3 实验装置 055
15.4 实验步骤 056
15.5 数据处理 056
15.6 实验报告 057
思考题 057

第16章 恒压过滤常数测定实验 058

16.1 实验目的 058
16.2 实验原理 058
16.3 实验装置 059
16.4 实验步骤 059
16.5 数据处理 060
16.6 实验报告 060
思考题 061

第17章 空气-蒸汽对流给热系数测定 062

17.1 实验目的 062
17.2 实验原理 062
    17.2.1 近似法求算对流给热系数 064
    17.2.2 传热准数式求算对流给热系数 064
    17.2.3 冷流体质量流量的测定 065
    17.2.4 冷流体物性与温度的关系式 066
17.3 实验装置 066
17.4 实验步骤 067
17.5 数据处理 067
17.6 实验报告 068
思考题 068

第18章 裸管与绝热管传热实验 069

18.1 实验目的 069
18.2 实验原理 069

18.2.1 裸蒸汽管 069
18.2.2 固体材料保温管 070
18.2.3 空气夹层保温管 071
18.2.4 热损失速率 071
18.3 实验装置 071
18.4 实验步骤 072
18.5 数据处理 072
18.6 实验报告 073
思考题 074

第19章 蒸发实验 075

19.1 实验目的 075
19.2 实验原理 075
19.3 实验装置 076
19.4 实验步骤 078
19.5 数据处理 079
19.6 实验报告 081
思考题 081

第20章 筛板塔精馏过程实验 082

20.1 实验目的 082
20.2 实验原理 082
    20.2.1 总板效率E_T 082
    20.2.2 图解法求理论塔板数N_T 082
20.3 实验装置 085
20.4 实验步骤 086
    20.4.1 全回流 086
    20.4.2 部分回流 086
20.5 数据处理 087
20.6 实验报告 088
思考题 088

第21章 干燥特性曲线测定实验 089

21.1 实验目的 089
21.2 实验原理 089
    21.2.1 干燥速率的定义 089
    21.2.2 干燥速率的测定方法 090
    21.2.3 干燥过程分析 091
21.3 实验装置 093
21.4 实验步骤 094
21.5 数据处理 094
21.6 实验报告 094
思考题 098

第三部分 专业实验 / 099

第22章 流化床基本特性曲线的测定 100
- 22.1 实验目的 100
- 22.2 实验原理 100
  - 22.2.1 流态化现象 100
  - 22.2.2 流化床的压降 101
- 22.3 实验装置 103
- 22.4 实验步骤 103
- 22.5 数据处理 104
- 22.6 实验报告 104
- 思考题 104

第23章 膜分离实验 105
- 23.1 实验目的 105
- 23.2 实验原理 105
  - 23.2.1 反渗透 105
  - 23.2.2 超滤 106
  - 23.2.3 膜性能的描述方法 107
- 23.3 实验装置 108
- 23.4 实验步骤 108
  - 23.4.1 超滤膜分离实验 108
  - 23.4.2 反渗透膜分离实验 108
- 23.5 数据处理 109
- 23.6 实验报告 109
- 思考题 109

第24章 多釜串联性能研究实验 110
- 24.1 实验目的 110
- 24.2 实验原理 110
- 24.3 实验装置 112
- 24.4 实验步骤 112
- 24.5 数据处理 113
- 24.6 实验报告 113
- 思考题 113

第25章 多相搅拌实验 114
- 25.1 实验目的 114
- 25.2 实验原理 114
- 25.3 实验装置 116
- 25.4 实验步骤 116
- 25.5 数据处理 117
- 25.6 实验报告 117
- 思考题 117

第26章 气相色谱分析实验 118
- 26.1 实验目的 118
- 26.2 实验原理 118
  - 26.2.1 气相色谱法基本原理 118
  - 26.2.2 气相色谱法的特点 119
- 26.3 实验装置 119
  - 26.3.1 气路系统 119
  - 26.3.2 进样系统 120
  - 26.3.3 分离系统 120
  - 26.3.4 检测系统 120
  - 26.3.5 温度控制系统 120
  - 26.3.6 记录系统 121
  - 26.3.7 气相色谱仪的色谱分析 121
- 26.4 实验步骤 122
- 26.5 数据处理 122
- 26.6 实验报告 123
- 思考题 123

第27章 煤炭中空干基水分、灰分的测定实验 124
- 27.1 实验目的 124
- 27.2 实验原理 124
  - 27.2.1 水分 124
  - 27.2.2 灰分 124
- 27.3 实验装置 124
- 27.4 实验步骤 125
- 27.5 数据处理 126
  - 27.5.1 测试结果浏览 126
  - 27.5.2 热值计算 126
- 27.6 实验报告 126
- 思考题 126

第28章 煤炭中空干基挥发分的测定实验 127
- 28.1 实验目的 127
- 28.2 实验原理 127
- 28.3 实验装置 127

28.4 实验步骤 128
28.5 数据处理 128
28.6 实验报告 129
思考题 129

第 29 章　煤炭中硫的测定实验　130

29.1 实验目的 130
29.2 实验原理 130
　29.2.1 库仑滴定法的定义 130
　29.2.2 测定全硫含量的原理 130
29.3 实验装置 131
29.4 实验步骤 131
　29.4.1 电解液的配制 131
　29.4.2 实验操作步骤 131
29.5 数据处理 132
29.6 实验报告 132
思考题 132

第 30 章　煤炭中碳氢的测定实验　133

30.1 实验目的 133
30.2 实验原理 133
30.3 实验装置 134
30.4 实验步骤 134
30.5 数据处理 136
30.6 实验报告 136
思考题 136

第 31 章　煤炭发热量的测定实验　137

31.1 实验目的 137
31.2 实验原理 137
　31.2.1 煤中水分的影响 137
　31.2.2 发热量 137
　31.2.3 发热量的经验计算法 138
31.3 实验装置 138
31.4 实验步骤 138
31.5 数据处理 138
31.6 实验报告 139
思考题 139

第 32 章　二氧化碳 p-V-T 实验　140

32.1 实验目的 140
32.2 实验原理 140
32.3 实验装置 142
32.4 实验步骤 142
32.5 数据处理 145
32.6 实验报告 146
思考题 146

第 33 章　双循环玻璃气液相平衡实验　147

33.1 实验目的 147
33.2 实验原理 147
33.3 实验装置 148
33.4 实验步骤 149
33.5 数据处理 149
33.6 实验报告 150
思考题 150

附录　151

附录 1　相关系数检验表 151
附录 2　饱和水的物理性质 151
附录 3　水的比热容 152
附录 4　水的汽化热 153
附录 5　醇类液体的比热容 153
附录 6　醇类的汽化热 154
附录 7　乙醇-水溶液平衡数据（p = 101.325kPa） 155
附录 8　乙醇-正丙醇在常压下的气液平衡数据 155
附录 9　乙醇折射率-浓度对照表 156
附录 10　乙醇-正丙醇的折射率与溶液浓度的关系 157
附录 11　25℃环己烷-乙醇溶液折射率与组成关系 157
附录 12　泰勒标准筛 158
附录 13　环己烷-乙醇组成-折射率工作曲线（25℃） 158
附表 14　常用正交表 159

参考文献　164

第一部分
实验室安全守则

第 1 章
实验室的一般安全守则

（1）学生首次进入实验室前，需进行安全考试并取得合格成绩方可进入实验室。

（2）学生首次进入实验室前，需进行安全教育。

（3）实验中多涉及危险化学品的实验和操作，因此在实验室严禁烟火。

（4）在进入实验室时应注意观察安全通道，在意外事故发生时应及时有效疏散。

（5）实验室内外均备有灭火设备，学生应注意设备位置及学习使用方法，并注意维护设备，不准随意移动设备。

（6）注意观察洗眼器的位置并学习使用方法。

（7）遵守实验室的规章制度，保持实验室的整洁、安静，未经实验室负责人及指导老师批准不得带无关人员进入实验室。

（8）实验前必须认真预习，明确实验目的、原理和方法，熟悉仪器设备的性能及操作规程，做好实验前的各项准备。所有实验必须按操作规程进行。凡有危险性的实验必须在教师的监护下进行，不得随意操作。实验中不得擅自离开岗位。

（9）实验室必须做到门窗完好、严实，门锁有效。任何人不得私配实验室钥匙。

（10）发现安全隐患或发生事故时，及时采取有效措施防止事态扩大，尽量避免或减少损失，需保护现场，并协助组织调查处理。

（11）进行危害物质、挥发性有机溶剂、特定化学物质或其他环保部门列为毒性化学物质等化学药品操作实验或研究时，必须穿戴防护用具（防护口罩、防护手套、防护眼镜）。

（12）按规定穿着实验服及鞋袜，长发盘入帽内或盘在头顶，不允许穿长裙、拖鞋、带钉鞋进入实验室。

（13）严格遵守操作规程，实验进行时，要仔细观察，详细记录，注意安全。

（14）爱护仪器设备，节约水、电、气和实验器材，损坏的设备器材要及时报告、登记。

（15）实验结束后应检查仪器设备工具及材料，做好实验室的整理、卫生工作。必须进行安全检查，必须关闭电源、水源、气源和门窗，熄灭火源，锁好门。

第 2 章
事故的预防

2.1 认识危险化学品

危险化学品指的是具有毒害、腐蚀、爆炸、燃烧、助燃等性质,对人体、设施、环境具有危害的剧毒化学品和其他化学品。

《危险化学品目录(2015版)》中对危险化学品的确定原则是:危险化学品的品种依据化学品分类和标签国家标准,从以下危险和危害特性类别中确定。

(1) 根据物理危险,分为爆炸物、易燃气体、气溶胶(又称气雾剂)、氧化性气体、加压气体、易燃液体、易燃固体、自反应物质和混合物、自燃液体、自燃固体、自热物质和混合物、遇水放出易燃气体的物质和混合物、氧化性液体、氧化性固体、有机过氧化物和金属腐蚀物。部分危险化学品警示标识及防范说明见表2.1。

表 2.1 部分危险化学品警示标识及防范说明

对象	警示标识	防范说明
爆炸物		远离热源/火花/明火/热表面。禁止吸烟。 用适当材料保持湿润。 容器和接收设备接地/等势连接。 不得研磨/冲击/摩擦。 戴防护面具。 火灾时,撤离现场。火灾时可能爆炸。 火接近到爆炸物时切勿救火。按照当地有关法律法规储存。内装物/容器的处理须到经过批准的废物处理厂进行
易燃气体		远离热源/火花/明火/热表面。禁止吸烟。 漏气着火:切勿灭火,除非漏气能够安全地制止。 除去一切点火源。 放在通风良好的地方

续表

对象	警示标识	防范说明
易燃液体		远离热源/火花/明火/热表面。禁止吸烟。保持容器密闭。 容器和接收设备接地/等势连接。 使用防爆的电气/通用照明/设备。只能使用不产生火花的工具。 采取防止静电放电的措施。 戴防护手套/穿防护服/戴防护眼罩/戴防护面具。 如皮肤(或头发)沾染:立即脱掉所有沾染的衣服。用水清洗皮肤/淋浴。 存放在通风良好的地方。保持低温
易燃固体		远离热源/火花/明火/热表面。禁止吸烟。 容器和装载设备接地/等势连接。 使用防爆的电气/通风/照明/设备。 戴防护手套/戴防护眼罩/戴防护面具
易于自燃的物质		自燃液体: 暴露在空气中会自燃。 远离热源/火花/明火/热表面。禁止吸烟。 不得与空气接触。 戴防护手套/穿防护服/戴防护眼罩/戴防护面具。 如皮肤沾染,浸入冷水中/用湿绷带包扎。 自燃固体: 暴露在空气中自燃。 远离热源/火花/明火/热表面。禁止吸烟。 不得与空气接触。 戴防护手套/穿防护服/戴防护眼罩/戴防护面具。 掸掉皮肤上的细小颗粒。浸入冷水中/用湿绷带包扎
遇水放出易燃气体物质		遇水放出易燃气体:可能燃烧。 不得与水接触。 在惰性气体中操作,防潮。 戴防护手套/穿防护服/戴防护眼罩/戴防护面具。 掸掉皮肤上的细小颗粒。浸入冷水中/用湿绷带包扎。 存放于干燥处。存放在密闭的容器中
氧化性物质		氧化性液体: 远离热源/火花/明火/热表面。禁止吸烟。 避开/储存处远离服装/可燃材料。 采取一切防范措施,避免与可燃物混合。 戴防护手套/穿防护服/戴防护眼罩/戴防护面具。 穿防火/阻燃服装。 如沾染衣服:立即用水充分冲洗沾染的衣服和皮肤,然后脱掉衣服。 如发生大火和大量泄漏:撤离现场。因有爆炸危险,须远距离灭火。 氧化性固体: 远离热源/火花/明火/热表面。禁止吸烟。 避开/储存处远离服装/可燃材料。 采取一切防范措施,避免与可燃物混合。 戴防护手套/穿防护服/戴防护眼罩/戴防护面具。 穿防火/阻燃服装。 如沾染衣服:立即用水充分冲洗沾染的衣服和皮肤,然后脱掉衣服。 如发生大火和大量泄漏:撤离现场。因有爆炸危险,须远距离灭火

续表

对象	警示标识	防范说明
有机过氧化物	5.2	加热可能燃烧或爆炸。远离热源/火花/明火/热表面。禁止吸烟。 避开/储存处远离服装/……/可燃材料。 只能在原容器中存放。 戴防护手套/穿防护服/戴防护眼罩/戴防护面具。 保持低温。 防日晒。远离其他材料存放

（2）根据造成的健康危害，分为急性毒性、皮肤腐蚀/刺激、严重眼损伤/眼刺激、呼吸道或皮肤致敏、生殖细胞致突变性、致癌性、生殖毒性、特异性靶器官毒性-一次接触、特异性靶器官毒性-反复接触和吸入危害。

（3）根据造成的环境危害，分为危害水生环境-急性危害、危害水生环境-长期危害和危害臭氧层。

2.2 火灾、爆炸、中毒及触电事故的预防

实验中使用的有机溶剂大多是易燃的。因此，着火是有机实验中常见的事故。防火的基本原则是使火源与溶剂尽可能离得远些，尽量不用明火直接加热。盛有易燃有机溶剂的容器不得靠近火源。数量较多的易燃有机溶剂应放在危险药品橱内，而不存放在实验室内。

回流或蒸馏液体时应放沸石，以防溶液因过热暴沸而冲出。若在加热后发现未放沸石，则应停止加热，待稍冷后再放。否则在过热溶液中放入沸石会导致液体突然沸腾，冲出瓶外而引起火灾。不要用火焰直接加热烧瓶，而应根据液体沸点高低使用石棉网、油浴、水浴或电热帽（套）。冷凝水要保持畅通，若冷凝管忘记通水，大量蒸气来不及冷凝而逸出，也易造成火灾。在反应中添加或转移易燃有机溶剂时，应暂时熄火或远离火源。切勿用敞口容器存放、加热或蒸除有机溶剂。因事离开实验室时，一定要关闭自来水和热源。

易燃有机溶剂（特别是低沸点易燃溶剂）在室温时即具有较大的蒸气压。空气中混杂易燃有机溶剂的蒸气达到某一极限时，遇有明火即发生燃烧爆炸。而且，有机溶剂蒸气都较空气的密度大，会沿着桌面或地面飘移至较远处，或沉积在低洼处。因此，切勿将易燃溶剂倒入废物缸中。量取易燃溶剂时应远离火源，最好在通风橱中进行。蒸馏易燃溶剂（特别是低沸点易燃溶剂）的装置，要防止漏气，接收器支管应与橡胶管相连，使余气通往水槽或室外。表2.2为常用易燃溶剂蒸气爆炸极限。

表2.2 常用易燃溶剂蒸气爆炸极限

名称	沸点/℃	闪燃点/℃	爆炸范围(体积)/%
甲醇	64.9	11	6.72～36.50
乙醇	78.5	12	3.28～18.95
乙醚	31.5	−45	1.85～36.5
丙酮	56.2	−17.5	2.55～12.80
苯	80.1	−11	1.41～7.10

使用易燃、易爆气体，如氢气、乙炔等时要保持室内空气畅通，严禁明火，并应防止一切火星的发生，如由于敲击、鞋钉摩擦、静电摩擦、马达碳刷或电器开关等所产生的火花。表 2.3 为常用易燃气体爆炸极限。

表 2.3　常用易燃气体爆炸极限

气体	在空气中的含量(体积分数)/%
H_2	4~74
CO	12.5~74.2
NH_3	15~27
CH_4	4.5~13.1
C_2H_2	2.5~80

煤气开关应经常检查，并保持完好。煤气灯及其橡胶管在使用时亦应仔细检查。发现漏气应立即熄灭火源，打开窗户，用肥皂水检查漏气地方。若不能自行解决时，应及时告知指导老师，马上抢修。

常压操作时，应使全套装置有一定的地方通向大气，切勿造成密闭体系。减压蒸馏时，要用圆底烧瓶或吸滤瓶作接收器，不可用锥形瓶，否则可能会发生炸裂。加压操作时（如高压釜、封管等），要有一定的防护措施，并应经常注意釜内压力有无超过安全负荷，选用封管的玻璃厚度是否适当、管壁是否均匀。

有些有机化合物遇氧化剂时会发生猛烈爆炸或燃烧，操作时应特别小心。存放药品时，应将氯酸钾、过氧化物、浓硝酸等强氧化剂和有机药品分开存放。

开启贮有挥发性液体的瓶塞和安瓿时，必须先充分冷却，然后开启，开启时瓶口必须指向无人处，以免由于液体喷溅而遭致伤害。如遇瓶塞不易开启时，必须注意瓶内贮物的性质，切不可贸然用火加热或乱敲瓶塞等。

有些实验可能生成有危险性的化合物，操作时需特别小心。有些类型的化合物具有爆炸性，如叠氮化物、干燥的重氮盐、硝酸酯、多硝基化合物等，使用时须严格遵守操作规程，防止蒸干溶剂或震动。有些有机化合物如醚或共轭烯烃，久置后会生成易爆炸的过氧化合物，须特殊处理后才能应用。

当使用有毒药品时，应认真操作，妥善保管，不许乱放，做到用多少领多少。实验中所用的剧毒物质应有专人负责收发，并向使用者提出必须遵守的操作规程。实验后的有毒残渣，必须作妥善而有效的处理，不准乱丢。

有些有毒物质会渗入皮肤，因此在接触固体或液体有毒物质时，必须戴橡胶手套，操作后立即洗手。切勿让有毒物品沾至五官或伤口，例如氰化物沾及伤口后就随血液循环全身，严重者会造成中毒死亡事故。

在反应过程中可能生成有毒或有腐蚀性气体的实验，应在通风橱内进行。使用后的器皿应及时清洗。在使用通风橱时，当实验开始后，不要把头伸入橱内。

使用电器时，应防止人体与电器导电部分直接接触，不能用湿手或手握湿物接触电插头。为了防止触电，装置和设备的金属外壳等都应连接地线。实验完后先切断电源，再将连接电源的插头拔下。

第3章
意外事故的处理及救护措施

（1）实验过程中如果出现安全事故，不要惊慌，如涉及人身安全，教师应尽力保护学生，尽量让学生疏散出去。

（2）发生触电时应立即切断电源，在触电者脱离电源之后，将触电者迅速放在空气流通的地方急救，进行人工呼吸，有危险者，应立即送往医院。

（3）化学强腐蚀烫、烧伤（如浓硫酸）事故发生后，应迅速解脱伤者被污染衣服，及时用大量清水冲洗干净皮肤，保持创伤面的洁净以待医务人员治疗，或用适合于消除这类化学药品的特种溶剂、溶液仔细洗涤烫、烧伤面。眼部烫、烧伤后，立即用纯净水洗涤（不得用水直冲）眼睛，并及时送医院诊治。

（4）化学药品（气、液、固体）引发的中毒事故发生后，应立即用湿毛巾捂住嘴、鼻，将中毒者从中毒现场转移至通风清洁处，采用人工呼吸、催吐等急救方法帮助中毒者清除体内毒物，送医务人员治疗。也可通过排风、用水稀释等手段减轻或消除环境中有毒物质的浓度，必要时拨打120急救电话，保护好现场。

（5）化学危险气体爆炸事故发生时，应马上切断现场电源、关闭气源阀门，立即将人员疏散和将其他易爆物品迅速转移，用室内配备的灭火器灭火，同时拨打火警电话119。

（6）有机物或能与水发生剧烈化学反应的药品着火，应用泡沫灭火器或干燥沙土扑灭，不得随意用水灭火，以免扑救不当造成更大损害。

（7）用电仪器设备或线路发生故障着火时，应立即切断现场电源，将人员疏散，并组织人员用四氯化碳灭火器灭火。在未切断电源之前，忌用水和二氧化碳泡沫灭火器灭火，以免造成触电等新的事故。

（8）发生被盗、失窃等事故后，立即向学院和保卫处报告，并保护好事故现场，协助公安机关破案。

（9）突发性不可抗拒的雷电、水灾、地震、房屋垮塌等自然灾害事故发生后，应在领导小组的指挥下，马上组织疏散、抢救现场工作人员或进行人员自助自救，以确保人员的人身安全，做好善后工作。

（10）事故现场的每一个人都有保护好现场的责任。

第二部分
化工原理实验

第4章
离心泵串并联实验 3D 仿真

4.1 实验目的

(1) 加深对离心泵并联、串联运行工况及参数的理解。
(2) 绘制单泵的工作曲线和两泵并、串联总特性曲线。
(3) 掌握离心泵并串联扬程、功率与流量的关系。

4.2 实验原理

在实际生产中,有时单台泵无法满足生产要求,需要几台组合运行。组合方式可以有串联和并联两种方式。下面讨论的内容限于多台性能相同的泵的组合操作。基本思路是:多台泵无论怎样组合,都可以看作是一台泵,因而需要找出组合泵的特性曲线。

4.2.1 泵的并联工作

当用单泵不能满足工作需要的流量时,可采用两台(或两台以上)泵的并联工作方式,如图 4.1 所示。离心泵 I 和泵 II 并联后,在同一扬程(压头)下,其流量 $Q_并$ 是这两台泵的流量之和,即 $Q_并 = Q_I + Q_{II}$。并联后的系统特性曲线,就是在各自相同扬程下,将两台泵特性曲线 $(Q\text{-}H)_I$ 和 $(Q\text{-}H)_{II}$ 上的对应的流量相加,得到并联后的各相应合成流量 $Q_并$,最后绘出 $(Q\text{-}H)_并$ 曲线。在工程实际中,普遍遇到的情况是用同型号、同性能泵的并联,如

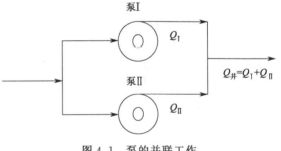

图 4.1 泵的并联工作

图 4.2 所示。图 4.2 中两根虚线为两台泵各自的特性曲线 $(Q\text{-}H)_I$ 和 $(Q\text{-}H)_{II}$,因两台泵的特性曲线相同,在图上彼此重合;实线为并联后的总特性曲线 $(Q\text{-}H)_并$,根据以上所述,

在 $(Q\text{-}H)_{并}$ 曲线上任一点 M，其对应的流量 Q_M 是对应具有相同扬程的两台泵相对应流量 Q_A 和 Q_B 之和，即 $Q_M = Q_A + Q_B$。

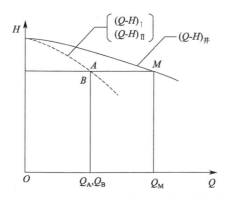

图 4.2　两台性能曲线相同的泵的并联特性曲线

进行实验时，可以分别测绘出单台泵Ⅰ和泵Ⅱ工作时的特性曲线 $(Q\text{-}H)_\text{Ⅰ}$ 和 $(Q\text{-}H)_\text{Ⅱ}$，把它们合成为两台泵并联的总性能曲线 $(Q\text{-}H)_{并}$。再将两台泵并联运行，测出并联工况下的某些实际工作点，与总性能曲线上相应点相比较。

4.2.2　泵的串联工作

当单台泵工作不能提供所需要的压头（扬程）时，可用两台（或两台以上）泵的串联方式工作。离心泵串联后，通过每台泵的流量 Q 是相同的，而合成压头是两台泵的压头之和。在同一流量下把两台泵对应扬程叠加起来就得出泵串联的相应合成压头，从而可绘制出串联系统的总特性曲线 $(Q\text{-}H)_{串}$，如图 4.3 所示。串联特性曲线 $(Q\text{-}H)_{串}$ 上的任一点 M 的压头 H_M，为对应于相同流量 Q_M 的两台单泵Ⅰ和泵Ⅱ的压头 H_A 和 H_B 之和，即 $H_M = H_A + H_B$。

实验时，可以分别测绘出单台泵Ⅰ和泵Ⅱ的特性曲线 $(Q\text{-}H)_\text{Ⅰ}$ 和 $(Q\text{-}H)_\text{Ⅱ}$，并将它们合成为两台泵串联的总性能曲线 $(Q\text{-}H)_{串}$，再将两台泵串联运行，测出串联工况下的某些实际工作点，与总性能曲线的相应点相比较。

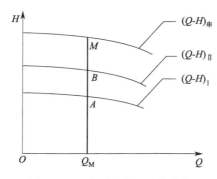

图 4.3　两台泵的串联特性曲线

4.3　实验装置

本仿真实验的实验装置如图 4.4 所示。

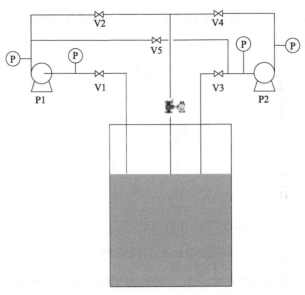

图 4.4　离心泵串并联 3D 仿真实验装置图

4.4　实验步骤

4.4.1　实验前准备

设定实验参数 1：设置离心泵型号。启动总电源。设定实验参数 2：调节离心泵转速（频率默认 50Hz）。设定实验参数完成后，记录数据。检查泵 I 的出口阀 V2 是否关闭。检查泵 II 的出口阀 V4 是否关闭。检查泵 I 和泵 II 的串联阀 V5 是否关闭。

4.4.2　泵 I 特性曲线测定

打开泵 I 的入口阀 V1。启动泵 I 电源。

步骤 A：略开泵 I 的出口阀 V2，调节其开度。

步骤 B：待泵 I 真空表、压力表和流量计读数稳定后，测读并记录。重复进行步骤 A 和 B，总共记录 10 组数据。点击实验报告查看泵 I 特性曲线。关闭泵 I 出口阀 V2。断开泵 I 电源。关闭泵 I 的入口阀 V1。

4.4.3　泵 II 特性曲线测定

打开泵 II 的入口阀 V3。启动泵 II 电源。

步骤 C：略开泵 II 的出口阀 V4，调节其开度。

步骤 D：待泵 II 真空表、压力表和流量计读数稳定后，测读并记录。重复进行步骤 C 和 D，总共记录 10 组数据。点击实验报告查看泵 II 特性曲线。关闭泵 II 出口阀 V4。断开泵 II 电源。关闭泵 II 的入口阀 V3。

4.4.4　双泵并联特性曲线测定

打开泵 I 的入口阀 V1。启动泵 I 电源。略开泵 I 的出口阀 V2。打开泵 II 的入口阀 V3。

启动泵Ⅱ电源。略开泵Ⅱ的出口阀 V4。

步骤 E：调节 V2 和 V4 开度，使两个压力表读数相同，测读并记录流量和压力。重复进行步骤 E，总共记录 10 组数据。点击实验报告查看两泵并联特性曲线。关闭泵Ⅰ出口阀 V2。断开泵Ⅰ电源。关闭泵Ⅰ的入口阀 V1。关闭泵Ⅱ出口阀 V4。断开泵Ⅱ电源。关闭泵Ⅱ的入口阀 V3。

4.4.5　双泵串联特性曲线测定

打开泵Ⅰ的入口阀 V1。打开泵Ⅱ的入口阀 V3。启动泵Ⅱ电源。待泵Ⅱ运行正常后，打开串联阀 V5。启动泵Ⅰ电源。待泵Ⅰ运行正常后，关闭泵Ⅱ入口阀 V3。

步骤 F：略开泵Ⅱ的出口阀 V4，调节其开度。待泵Ⅰ的真空表、泵Ⅱ的压力表和流量计读数稳定后，记录泵Ⅰ、泵Ⅱ真空表和压力表读数、流量及温度。重复进行步骤 F，总共记录 10 组数据。

步骤 G：记录数据后，关闭泵Ⅱ出口阀 V4。关闭泵Ⅱ电源。断开串联阀 V5。断开泵Ⅰ电源。

4.5　数据处理

泵Ⅰ特性曲线测定：重复进行 4.4.2 部分步骤 A 和 B，总共记录 10 组数据。系统自动生成泵Ⅰ特性曲线，点击实验报告进行查看。

泵Ⅱ特性曲线测定：重复进行 4.4.3 部分步骤 C 和 D，总共记录 10 组数据。系统自动生成泵Ⅱ特性曲线，点击实验报告进行查看。

双泵并联特性曲线测定：重复进行 4.4.4 部分步骤 E，总共记录 10 组数据。系统自动生成两泵并联特性曲线，点击实验报告进行查看。

双泵串联特性曲线测定：待 4.4.5 部分泵Ⅰ的真空表、泵Ⅱ的压力表和流量计读数稳定后，记录泵Ⅰ、泵Ⅱ真空表、压力表、流量及温度。重复进行步骤 F，总共记录 10 组数据。系统自动生成两泵串联特性曲线，点击实验报告进行查看。

4.6　实验报告

将系统中自动生成的两泵串联特性曲线打印附在报告册中，并将串联工况下的某些实际工作点与总性能曲线的相应点相比较分析。

思考题

(1) 简述离心泵扬程的物理意义。
(2) 离心泵发生气蚀的原因是什么，有何后果？
(3) 试论述机械密封的组成和工作原理。

第5章
吸收（二氧化碳-水）实验 3D 仿真

5.1 实验目的

（1）了解填料吸收塔的结构、性能和特点，加深对填料塔流体动力学性能基本理论的理解。

（2）学习填料吸收塔传质能力和传质效率的测定方法。

5.2 实验原理

5.2.1 气体通过填料层的压降

压降是塔设计中的重要参数，气体通过填料层压降的大小决定了塔的动力消耗。压降与气液流量有关，不同喷淋量下的填料层的压降 Δp 与气速 u 的关系如图 5.1 所示。

当无液体喷淋即喷淋量 $L_0=0$ 时，干填料的 Δp-u 的关系是直线，如图 5.1 中的直线 0。当有一定的喷淋量时，Δp-u 的关系变成折线，并存在两个转折点，下转折点称为"载点"，上转折点称为"泛点"。这两个转折点将 Δp-u 关系分为三个区段：恒持液量区、载液区与液泛区。

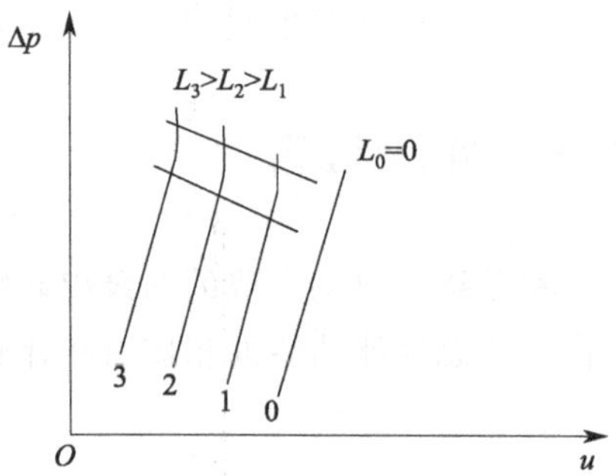

图 5.1 填料层的 Δp-u 关系图

5.2.2 传质性能

吸收系数是决定吸收过程速率高低的重要参数，而实验测定是获取吸收系数的根本途径。对于相同的物系及一定的设备（填料类型与尺寸），吸收系数将随着操作条件及气液接触状况的不同而变化。

图 5.2 为双膜模型的浓度分布图，根据双膜模型的基本假设，气相侧和液相侧的吸收质

A 的传质速率方程可分别表达为：

气膜 $\quad G_A = k_g A(p_A - p_{Ai})$ (5.1)

液膜 $\quad G_A = k_l A(c_{Ai} - c_A)$ (5.2)

式中 G_A——A 组分的传质速率，kmol/s；

A——两相接触面积，m^2；

p_A——气侧 A 组分的平均分压，Pa；

p_{Ai}——相界面上 A 组分的平均分压，Pa；

c_A——液侧 A 组分的平均浓度，$kmol/m^3$；

c_{Ai}——相界面上 A 组分的浓度，$kmol/m^3$；

k_g——以分压表达推动力的气侧传质膜系数，$kmol/(m^2 \cdot s \cdot Pa)$；

k_l——以物质的量浓度表达推动力的液侧传质膜系数，m/s。

以气相分压或以液相浓度表示传质过程推动力的相际传质速率方程又可分别表达为：

$$G_A = K_G A(p_A - p_A^*) \quad (5.3)$$

$$G_A = K_L A(c_A^* - c_A) \quad (5.4)$$

式中 p_A^*——液相中 A 组分的实际浓度所要求的气相平衡分压，Pa；

c_A^*——气相中 A 组分的实际分压所要求的液相平衡浓度，$kmol/m^3$；

K_G——以气相分压表示推动力的总传质系数或简称为气相传质总系数，$kmol/(m^2 \cdot s \cdot Pa)$；

K_L——以气相分压表示推动力的总传质系数，或简称为液相传质总系数，m/s。

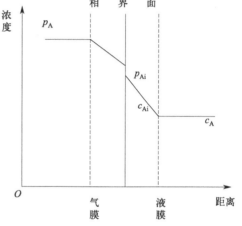

图 5.2 双膜模型的浓度分布图

若气液相平衡关系遵循亨利定律：$G_A = Hp_A$，则

$$\frac{1}{K_G} = \frac{1}{k_g} + \frac{1}{Hk_l} \quad (5.5)$$

$$\frac{1}{K_L} = \frac{H}{k_g} + \frac{1}{k_l} \quad (5.6)$$

当气膜阻力远大于液膜阻力时，则相际传质过程受气膜传质速率控制，此时，$K_G = k_g$；反之，当液膜阻力远大于气膜阻力时，则相际传质过程受液膜传质速率控制，此时，$K_L = k_l$。

如图 5.3 所示，在逆流接触的填料层内，任意截取一微分段，并以此为衡算系统，则由吸收质 A 的物料衡算可得：

$$dG_A = \frac{F_L}{\rho_L} dc_A \quad (5.7)$$

式中 F_L——液相摩尔流率，kmol/s；

ρ_L——液相摩尔密度，$kmol/m^3$。

根据传质速率基本方程式，可写出该微分段的传质速率微分方程：

$$dG_A = K_L(c_A^* - c_A)aS\,dh \tag{5.8}$$

联立上两式可得：

$$dh = \frac{F_L}{K_L a S \rho_L} \times \frac{dc_A}{c_A^* - c_A} \tag{5.9}$$

式中 a——气液两相接触的比表面积，m^2/m；

S——填料塔的横截面积，m^2。

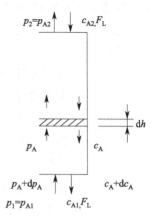

图 5.3 填料塔的物料衡算图

本实验采用水吸收二氧化碳，已知二氧化碳在常温常压下溶解度较小，因此，液相摩尔流率 F_L 和摩尔密度 ρ_L 的比值，亦即液相体积流率 (V_{sL}) 可视为定值，且设总传质系数 K_L 和两相接触比表面积 a，在整个填料层内为一定值，则按下列边值条件积分式(5.9)，可得填料层高度的计算公式：

$h = 0$ $c_A = c_{A2}$
$h = h$ $c_A = c_{A1}$

$$h = \frac{V_{sL}}{K_L a S} \int_{c_{A2}}^{c_{A1}} \frac{dc_A}{c_A^* - c_A} \tag{5.10}$$

令 $H_L = \dfrac{V_{sL}}{K_L a S}$，且称 H_L 为液相传质单元高度 (HTU)；

$N_L = \displaystyle\int_{c_{A2}}^{c_{A1}} \frac{dc_A}{c_A^* - c_A}$，且称 N_L 为液相传质单元数 (NTU)。

因此，填料层高度为传质单元高度与传质单元数之乘积，即

$$h = H_L N_L \tag{5.11}$$

若气液平衡关系遵循亨利定律，即平衡曲线为直线，则式(5.12)为可用解析法解得填料层高度的计算式，亦即可采用下列平均推动力法计算填料层的高度或液相传质单元高度：

$$h = \frac{V_{sL}}{K_L a S} \times \frac{c_{A1} - c_{A2}}{\Delta c_{Am}} \tag{5.12}$$

$$N_L = \frac{h}{H_L} = \frac{h}{(c_{A1} - c_{A2})/\Delta c_{Am}} \tag{5.13}$$

式中，Δc_{Am} 为液相平均推动力，即

$$\Delta c_{Am} = \frac{\Delta c_{A1} - \Delta c_{A2}}{\ln \dfrac{\Delta c_{A2}}{\Delta c_{A1}}} = \frac{(c_{A2}^* - c_{A2}) - (c_{A1}^* - c_{A1})}{\ln \dfrac{c_{A2}^* - c_{A2}}{c_{A1}^* - c_{A1}}} \tag{5.14}$$

因为本实验采用纯水吸收二氧化碳，则

$$c_{A1}^* = c_{A2}^* = c_A^* = H p_A \tag{5.15}$$

$$H = \frac{\rho_w}{M_w} \times \frac{1}{E} \tag{5.16}$$

式中 ρ_w——水的密度，kg/m^3；

M_w——水的摩尔质量，$kmol/kg$；

E——二氧化碳在水中的亨利系数,Pa。

因此,式(5.14)可简化为

$$\Delta c_{Am} = \frac{c_{A1}}{\ln \dfrac{c_A^*}{c_A^* - c_{A1}}} \tag{5.17}$$

因本实验采用的物系不仅遵循亨利定律,而且气膜阻力可以忽略不计,在此情况下,整个传质过程阻力都集中于液膜,即属液膜控制过程,则液侧体积传质膜系数等于液相体积传质总系数,亦即

$$k_l a = K_L a = \frac{V_{sL}}{hS} \times \frac{c_{A1} - c_{A2}}{\Delta c_{Am}} \tag{5.18}$$

5.3 实验装置

本仿真实验的实验装置示意图如图 5.4 所示。

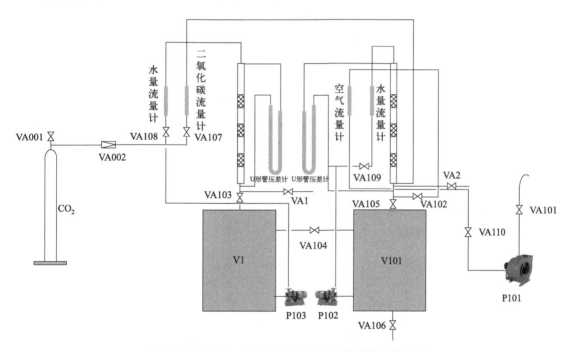

图 5.4 吸收(二氧化碳-水)实验 3D 仿真实验装置图

5.4 实验步骤

5.4.1 开车准备

首先设置参数。设置环境温度。设置中和用氢氧化钡浓度。设置中和用氢氧化钡体积。设置滴定用盐酸浓度。设置样品体积。设置吸收塔的塔径,设置吸收塔的填料高度,设置吸收塔的填料种类,吸收塔填料参数设置完成后点击"记录数据"。设置解吸塔的塔径,设置

解吸塔的填料高度，设置解吸塔的填料种类，解吸塔填料参数设置完成后点击"记录数据"。

5.4.2 流体力学性能试验——干塔实验

打开总电源开关。打开风机 P101 开关。全开阀门 VA101。全开阀门 VA102。全开阀门 VA110。减小阀门 VA101 的开度，点击"查看仪表"，在第二页，记录数据。逐步减小阀门 VA101 的开度，调节流量，记录至少 6 组数据。

5.4.3 流体力学性能试验——湿塔实验

打开加水开关。等待水位到达 50%。关闭加水开关。启动水泵 P102。全开阀门 VA101。全开阀门 VA109，调节水的流量到 60L/h。全开阀门 VA105。减小阀门 VA101 开度，在"查看仪表"第二页，记录数据。逐步减小阀门 VA101 的开度，调节流量，记录至少 6 组数据。

5.4.4 吸收传质实验

打开 CO_2 钢瓶阀门 VA001。打开阀门 VA107。调节减压阀 VA002 开度，控制 CO_2 流量。启动水泵 P103。打开阀门 VA108。关闭阀门 VA105。待稳定后，打开取样阀 VA1 取样分析。待稳定后，打开取样阀 VA2 取样分析。点击"查看仪表"，在第三页，记录数据。

5.4.5 停止实验

关闭 CO_2 钢瓶阀门 VA001。关停水泵 P102。关停水泵 P103。关停风机。关闭总电源。

5.5 数据处理

在系统中记录解吸塔填料参数，记录并计算干塔、湿塔流体性能数据（空塔气速、吸收塔压降、单位高度压降等）。

5.6 实验报告

将二氧化碳吸收与解吸实验仿真装置实验报表附于实验报告册中，并对生成的填料塔压降曲线进行分析。

 思考题

(1) 分析吸收剂流量和吸收剂温度对吸收过程的影响。
(2) 填料吸收塔塔底为什么必须有液封装置，液封装置是如何设计的？

第6章
萃取塔实验 3D 仿真

6.1 实验目的

(1) 了解脉冲填料萃取塔的结构和特点。
(2) 熟悉液-液萃取操作流程，掌握填料萃取塔的性能测定方法。
(3) 掌握萃取塔传质效率的强化方法。

6.2 实验原理

填料萃取塔是石油炼制、化学工业和环境保护部门广泛应用的一种萃取设备，具有结构简单、便于安装和制造等特点。塔内填料的作用可以使分散相液滴不断破碎和聚合，以使液滴表面不断更新，还可以减少连续相的轴向混合。本实验采用连续通入压缩空气向填料塔内提供外加能量，增加液体湍动，强化传质。在普通填料萃取塔内，两相依靠密度差而逆相流动，相对密度较小，界面湍动程度低，限制了传质速率的进一步提高。为了防止分散相液滴过多聚结，增加塔内流动的湍动，可采用连续通入或断续通入压缩空气（脉冲方式）向填料塔提供外加能量，增加液体湍动。当然湍动太厉害，会导致液液两相乳化，难以分离。

萃取塔的分离效率可以用传质单元高度 H_{OE} 和理论级当量高度 h_e 来表示，影响脉冲填料塔萃取分离效率的主要因素有：填料的种类、轻重两相的流量以及脉冲强度等。对一定的实验设备，在两相流量固定的条件下，脉冲强度增加，传质单元高度降低，塔的分离能力增加。

本实验以水为萃取剂，从煤油中萃取苯甲酸，苯甲酸在煤油中的浓度约为 0.2%（质量分数）。水相为萃取相（用字母 E 表示，在本实验中又称连续相、重相），煤油相为萃余相（用字母 R 表示，在本实验中又称分散相）。在萃取过程中苯甲酸部分地从萃余相转移至萃取相。萃取相及萃余相的进出口浓度由容量分析法测定。因水和煤油是完全不互溶的，且苯甲酸在两相中的浓度都很低，可认为在萃取过程中两相液体的体积流量不发生变化。

(1) 按萃取相计算的传质单元数 N_{OE} 计算公式为：

$$N_{OE} = \int_{Y_{Et}}^{Y_{Eb}} \frac{dY_E}{(Y_E^* - Y_E)} \qquad (6.1)$$

式中 Y_{Et}——苯甲酸在进入塔顶的萃取相中的质量比组成，kg(苯甲酸)/kg(水)，本实验中 $Y_{Et}=0$；

Y_{Eb}——苯甲酸在离开塔底萃取相中的质量比组成，kg(苯甲酸)/kg(水)；

Y_E——苯甲酸在塔内某一高度处萃取相中的质量比组成，kg(苯甲酸)/kg(水)；

Y_E^*——与苯甲酸在塔内某一高度处萃余相组成 X_R 成平衡的萃取相中的质量比组成，kg(苯甲酸)/kg(水)。

用 Y_E-X_R 图上的分配曲线（平衡曲线）与操作线可求得 $\frac{1}{Y_E^* - Y_E}$ - Y_E 关系，再进行图解积分或用辛普森积分可求得 N_{OE}。

（2）按萃取相计算传质单元高度 H_{OE}

$$H_{OE} = \frac{H}{N_{OE}} \qquad (6.2)$$

式中 H——萃取塔的有效高度，m；

H_{OE}——按萃取相计算的传质单元高度，m。

（3）按萃取相计算的体积总传质系数

$$K_{YEa} = \frac{S}{H_{OE}\Omega} \qquad (6.3)$$

式中 S——萃取相中纯溶剂的流量，kg(水)/h；

Ω——萃取塔截面积，m²；

K_{YEa}——按萃取相计算的体积总传质系数，$\frac{kg(苯甲酸)}{m^3 \cdot h \cdot \frac{kg(苯甲酸)}{kg(水)}}$。

6.3 实验装置

本仿真实验的实验装置示意图如图 6.1 所示。

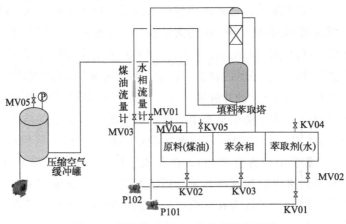

图 6.1 萃取塔实验 3D 仿真实验装置图

6.4 实验步骤

6.4.1 引重相入萃取塔

打开总电源开关。打开重相加料阀 KV04 加料。等待重相液位涨到 75%～90%之间。

关闭重相加料阀 KV04。打开底阀 KV01。打开水泵 P101 的电源开关。全开水流量调节阀 MV01，以最大流量将重相打入萃取塔。将水流量调节到接近指定值 6L/h。

6.4.2 引轻相入萃取塔

打开轻相加料阀 KV05 加料。等待重相液位涨到 75%～90%之间。关闭轻相加料阀 KV05。打开底阀 KV02。打开煤油泵 P102 的电源开关。打开煤油流量调节阀 MV03。将煤油流量调节到接近指定值 9L/h。

6.4.3 调整至平衡后取样分析

打开压缩机电源开关。点击"查看仪表"，在脉冲频率调节器上设定脉冲频率。待重相和轻相流量稳定、萃取塔上罐界面液位稳定后，在组分分析面板上取样分析。

6.5 数据处理

塔顶重相栏中选择取样体积，点击"分析"按钮分析 NaOH 的消耗体积和重相进料中苯甲酸组成。塔底轻相栏中选择取样体积，点击"分析"按钮分析 NaOH 的消耗体积和轻相进料中苯甲酸组成。塔底重相栏中选择取样体积，点击"分析"按钮分析 NaOH 的消耗体积和萃取相中苯甲酸组成。塔顶轻相栏中选择取样体积，点击"分析"按钮分析 NaOH 的消耗体积和萃取相中苯甲酸组成。

6.6 实验报告

将填料萃取实训装置仿真实验报表附于报告册中，分析其生成的直角坐标相图。

思考题

（1）在液液萃取过程中，外加能量是否越大越有利？
（2）具有热敏性的液体混合物分离采用的什么方法？

第 7 章
干燥速率曲线测定实验 3D 仿真

7.1 实验目的

(1) 熟悉洞道式干燥器的构造和操作。
(2) 测定在恒定干燥条件下的湿物料干燥曲线和干燥速率曲线。

7.2 实验原理

将湿物料置于一定的干燥条件下,测定被干燥物料的质量和温度随时间变化的关系,可得到物料含水量(X)与时间(τ)的关系曲线,以及物料温度(θ)与时间(τ)的关系曲线,如图 7.1 所示。物料含水量与时间关系曲线的斜率即为干燥速率(U)。将干燥速率对物料含水量作图,即为干燥速率曲线,如图 7.2 所示。

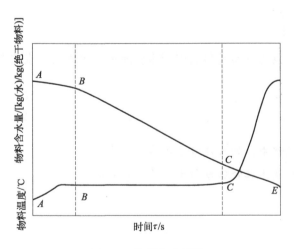

图 7.1 物料含水量图

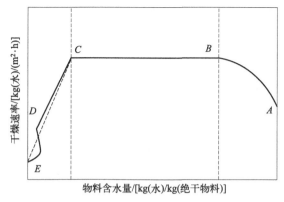

图 7.2 干燥速率曲线

干燥过程可分为以下三个阶段。

(1) 物料预热阶段（AB 段）。在开始干燥时，有一较短的预热阶段，空气中部分热量用来加热物料，物料含水量随时间变化不大。

(2) 恒速干燥阶段（BC 段）。由于物料表面存在自由水分，物料表面温度等于空气的湿球温度，传入的热量只用来蒸发物料表面的水分，物料含水量随时间成比例减少，干燥速率恒定且最大。

(3) 降速干燥阶段（CDE 段）。物料含水量减少到某一临界含水量（X_0），由于物料内部水分的扩散慢于物料表面的蒸发，不足以维持物料表面保持湿润，而形成干区，干燥速率开始降低，物料温度逐渐上升。物料含水量越小，干燥速率越慢，直至达到平衡含水量（X^*）而终止。

干燥速率为单位时间在单位面积上汽化的水分量，用微分式表示为：

$$U = \frac{dW}{A\,d\tau} \tag{7.1}$$

式中 U——干燥速率，kg(水)/(m^2·s)；

A——干燥表面积，m^2；

$d\tau$——相应的干燥时间，s；

dW——汽化的水分量，kg。

图 7.2 中的横坐标 X 为对应于某干燥速率下的物料平均含水量

$$X = \frac{X_i - X_{i+1}}{2} \tag{7.2}$$

式中 X——某一干燥速率下湿物料的平均含水量，kg(水)/kg(绝干物料)；

X_i、X_{i+1}——$\Delta\tau$ 时间间隔内开始和终了时的含水量，kg(水)/kg(绝干物料)。

$$X_i = \frac{G_{si} - G_{ci}}{G_{ci}} \tag{7.3}$$

式中 G_{si}——第 i 时刻取出的湿物料的质量，kg；

G_{ci}——第 i 时刻取出的物料的绝干质量，kg。

干燥速率曲线只能通过实验测定，因为干燥速率不仅取决于空气的性质和操作条件，而且还受物料性质结构及含水量的影响。本实验装置为间歇操作的沸腾床干燥器，可测定达到一定干燥要求所需的时间，为工业上连续操作的流化床干燥器提供相应的设计参数。

7.3 实验装置

本仿真实验的实验装置示意图如图 7.3 所示。

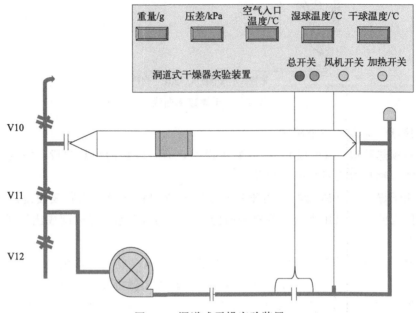

图 7.3 洞道式干燥实验装置

7.4 实验步骤

（1）实验前准备
① 实验开始前设置实验物料种类。
② 记录支架质量。
③ 记录干物料质量。
④ 记录浸水后的物料质量。
⑤ 记录空气温度。
⑥ 记录环境湿度。
⑦ 输入大气压力。
⑧ 输入孔板流量计孔径。
⑨ 输入湿物料面积。
⑩ 设置参数完成后，记录数据。
（2）开启风机
① 打开风机进口阀门 V12。
② 打开出口阀门 V10。
③ 打开循环阀门 V11。

④ 打开总电源开关。
⑤ 启动风机。

(3) 开启加热电源

① 启动加热电源。
② 在"查看仪表"中设定洞道内干球温度，缓慢加热到指定温度。

(4) 开始实验

① 在空气流量和干球温度稳定后，记录实验参数。
② 双击物料进口，小心将物料放置在托盘内，关闭物料进口门。
③ 记录数据，每2min记录一组数据，记录10组数据。
④ 当物料质量不再变化时，双击物料进口，停止实验。
⑤ 重新设定洞道内干球温度，稳定后开始新的实验。
⑥ 选择其他物料，重复实验。

(5) 停止实验

① 停止实验，关闭加热仪表电源。
② 待干球温度和进气温度相同时，关闭风机电源。
③ 关闭总电源开关。

7.5 数据处理

记录并计算不同物料下随时间变化的物料质量、干基含水率、干燥速率及传热系数。

7.6 实验报告

(1) 处理数据，绘制湿物料干燥曲线和干燥速率曲线。
(2) 对实验结果进行分析讨论。

思考题

(1) 当某种物料的衡算干燥段不易测定时，可采用什么方法解决？
(2) 什么是恒定干燥条件？
(3) 临界含水量与平衡含水量有何关系？

第 8 章
精馏实验 3D 仿真

8.1 实验目的

(1) 进行精馏过程多实验方案的设计，并进行实验验证，得出实验结论。
(2) 学会识别精馏塔内出现的几种操作状态，并分析这些操作状态对塔性能的影响。
(3) 学习精馏塔性能参数的测量方法，并掌握其影响因素。
(4) 测定精馏过程的动态特性，提高对精馏过程的认识。

8.2 实验原理

在板式精馏塔中，由塔釜产生的蒸汽沿塔板逐板上升与来自塔板逐板下降的回流液，在塔板上实现多次接触，进行传热与传质，使混合液达到一定程度的分离。回流是精馏操作得以实现的基础。塔顶的回流量与采出量之比，称为回流比。回流比是精馏操作的重要参数之一，其大小影响着精馏操作的分离效果和能耗。回流比存在两种极限情况：最小回流比和全回流。若塔在最小回流比下操作，要完成分离任务，则需要有无穷多块塔板的精馏塔。当然，这不符合工业实际，所以最小回流比只是一个操作限度。若操作处于全回流时，既无任何产品采出，也无原料加入，塔顶的冷凝液全部返回塔内，这在生产中无实际意义。但是，由于此时所需理论塔板数最少，又易于达到稳定，故常在工业装置的开停车、排除故障及科学研究时使用。实际回流比常取最小回流比的 1.2~2.0 倍。在精馏操作中，若回流系统出现故障，操作情况会急剧恶化，分离效果也会变坏。

对于二元物系，如已知其气液平衡数据，则根据精馏塔的原料液组成、进料热状况、操作回流比及塔顶馏出液组成、塔底釜液组成可以求出该塔的理论板数 N_T。按照式(8.1)可以得到总板效率 E_T。

$$E_T = \frac{N_T}{N_P} \times 100\% \tag{8.1}$$

式中 N_P——实际塔板数。

部分回流时，进料热状况参数的计算式为

$$q = \frac{c_{pm}(t_{BP} - t_F) + r_m}{r_m} \times 100\% \tag{8.2}$$

式中　t_F——进料温度，℃；

t_{BP}——进料的泡点温度，℃；

c_{pm}——进料液体在平均温度 $(t_F + t_{BP})/2$ 下的比热容，kJ/(kmol·℃)；

r_m——进料液体在其组成和泡点温度下的汽化热，kJ/kmol。

$$c_{pm} = c_{p1} M_1 x_1 + c_{p2} M_2 x_2 \tag{8.3}$$

$$r_m = r_1 M_1 x_1 + r_2 M_2 x_2 \tag{8.4}$$

式中　c_{p1}、c_{p2}——分别为纯组分1和组分2在平均温度下的比热容，kJ/(kg·℃)；

r_1、r_2——分别为纯组分1和组分2在泡点温度下的汽化热，kJ/kg；

M_1、M_2——分别为纯组分1和组分2的摩尔质量，kg/kmol；

x_1、x_2——分别为纯组分1和组分2在进料中的摩尔分数。

8.3　实验装置

本仿真实验的实验装置示意图如图8.1所示。

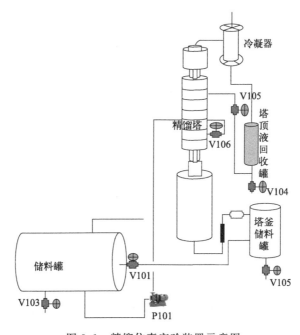

图 8.1　精馏仿真实验装置示意图

8.4　实验步骤

(1) 设置参数

① 设置精馏段塔板数（默认5）。

② 设置提馏段塔板数（默认3）。
③ 配制一定浓度的乙醇/正丙醇混合液（推荐比0.66）。
④ 设置进料罐的一次性进料量（推荐量2L）。

（2）精馏塔进料
① 连续点击"进料"按钮，进料罐开始进料，直到罐内液位达到70%以上。
② 打开总电源开关。
③ 打开进料泵P101的电源开关，启动进料泵。
④ 在"查看仪表"中设定进料泵功率，将进料流量控制器的输出值（OP值）设为50%。
⑤ 打开进料阀门V106，开始进料。
⑥ 在"查看仪表"中设定预热器功率，将进料温度控制器的OP值设为60%，开始加热。
⑦ 打开塔釜液位控制器，控制液位在70%～80%之间。

（3）启动再沸器
① 打开阀门，将塔顶冷凝器内通入冷却水。
② 打开塔釜加热电源开关。
③ 设定塔釜加热功率，将塔釜温度控制器的OP值设为50%。

（4）建立回流
① 打开回流比控制器电源。
② 在"查看仪表"中打开回流比控制器，将回流值设为20。
③ 将采出值设为5，即回流比控制在4。
④ 在"查看仪表"中将塔釜温度控制器的OP值设为60%，加大蒸出量。
⑤ 将塔釜液位控制器的OP值设为10%左右，控制塔釜液位在50%左右。

（5）调整至正常
① 进料温度稳定在95.3℃左右时，将控制器设自动，将设定值（SP值）设为95.3℃。
② 塔釜液位稳定在50%左右时，将控制器设自动，将SP值设为50%。
③ 塔釜温度稳定在90.5℃左右时，将控制器设自动，SP值设为90.5℃。
④ 保持稳定操作几分钟，取样记录分析组分成分。

8.5 数据处理

记录不同回流比下塔体温度沿塔高的分布及不同操作状况下进出口组分。

8.6 实验报告

（1）处理数据，图解法计算理论板数。
（2）计算操作条件下的全塔效率。
（3）对实验结果进行分析讨论。

思考题

（1）精馏塔塔身伴热的目的是什么？

（2）全回流稳定操作中，温度分布与哪些因素有关？

（3）增大回流比，其他操作条件不变，则釜残液组成怎样变化？

（4）全回流在生产中的意义是什么？

第 9 章
恒压过滤实验 3D 仿真

9.1 实验目的

(1) 了解板框过滤机的结构,掌握其操作方法。
(2) 测定恒压过滤操作时的过滤常数 K、q_e、τ_e。

9.2 实验原理

过滤过程是将悬浮液送至过滤介质的一侧,在其上维持比另一侧较高的压力,液体通过介质成为滤液,固体粒子则被截流逐渐形成滤饼。过滤速率由过滤压强差及过滤阻力决定。过滤阻力由滤布和滤饼两部分组成。因为滤饼厚度随着时间而增加,所以恒压过滤速率随着时间而降低。对于不可压缩滤饼,过滤速率可表示为

$$\frac{d\tau}{dq}=\frac{2}{K}q+\frac{2}{K}q_e \tag{9.1}$$

$$q_e=V_e/A$$

式中 V_e——阻力相等的滤饼层所得滤液量,m^3;
   A——过滤面积,m^2;
   q——τ 时间内单位面积的累计滤液量,m^3/m^2;
   K——过滤常数,m^2/s;
   τ——过滤时间,s。

恒压过滤时,将上述微分方程积分可得

$$(q+q_e)^2=K(\theta+\tau_c) \tag{9.2}$$

9.2.1 过滤常数 q_e 的测定方法

将式(9.1)进行变换可得

$$\frac{\tau}{q} = \frac{1}{K}q + \frac{2}{K}q_e \quad (9.3)$$

以 τ/q 为纵坐标，q 为横坐标作图，可得一直线，直线的斜率为 $1/K$，截距为 $2q_e/K$。在不同的过滤时间 τ，记取单位过滤面积所得的滤液量 q，由式(9.3) 便可求出 K 和 q_e。

若在恒压过滤之前的 τ_1 时间内已通过单位过滤面积的滤液 q_1，则在 τ_1 至 τ 及 q_1 至 q 范围内将式(9.1) 积分，整理后得

$$\frac{\tau - \tau_1}{q - q_1} = \frac{1}{K}(q - q_1) + \frac{2}{K}(q_1 + q_e) \quad (9.4)$$

$\frac{\tau - \tau_1}{q - q_1}$ 与 $q - q_1$ 之间为线性关系，同样可求出 K 和 q_e。

9.2.2 洗涤速率与最终过滤速率的测定

在一定的压强下，洗涤速率是恒定不变的，因此它的测定比较容易。它可以在水量流出正常后开始计量，计量多少也可根据需要决定。洗涤速率 $\left(\frac{dV}{d\tau}\right)_w$ 为单位时间所得的洗液量。

$$\left(\frac{dV}{d\tau}\right)_w = \frac{V_w}{\tau_w} \quad (9.5)$$

式中　V_w——洗液量，m^3；
　　　τ_w——洗涤时间，s。

V_w、τ_w 均由实验测得，即可算出 $\left(\frac{dV}{d\tau}\right)_w$。

最终过滤速率的测定是比较困难的，因为它是一个变数，为测得比较准确，建议过滤操作要进行到滤框全部被滤渣充满以后再停止。根据恒压过滤基本方程，恒压过滤最终速率为

$$\left(\frac{dV}{d\tau}\right)_e = \frac{KA^2}{2(V + V_e)} = \frac{KA}{2(q + q_e)} \quad (9.6)$$

式中　$\left(\frac{dV}{d\tau}\right)_e$——最终过滤速率；
　　　V——整个过滤时间 τ 内所得的滤液总量；
　　　q——整个过滤时间 τ 内通过单位过滤面积所得的滤液总量。

9.3 实验装置

本仿真实验的实验装置示意图如图 9.1 所示。

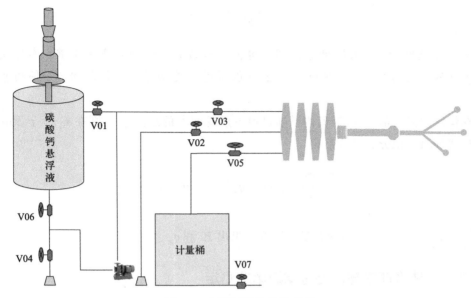

图 9.1　板框过滤装置示意图

9.4　实验步骤

(1) 设定实验参数

① 设置实验温度。

② 设置板框数（未设置则默认为 2）。

③ 完成设置后，保存数据。

(2) 实验一

① 打开总电源开关。

② 打开搅拌器开关。

③ 调节搅拌器转速大于 500r/min。

④ 打开旋涡泵前阀 V06。

⑤ 打开旋涡泵电源开关。

⑥ 全开阀门 V01，建立回流。

⑦ 观察泵后压力表示数，等待指针稳定。

⑧ 压力表稳定后，打开过滤入口阀 V03。

⑨ 压紧板框。

⑩ 打开过滤出口阀 V05。

⑪ 滤液流出时开始计时，液面高度每上升 10cm 记录一次数据。

⑫ 重复进行步骤⑪，记录 8 组数据。

⑬ 当每秒滤液量接近 0 时停止计时。

(3) 实验二

① 打开阀门 V07，把计量槽内的滤液放空。

② 等待滤液放空。
③ 关闭阀门 V07。
④ 卸渣清洗。
⑤ 调节阀门 V01 的开度，改变过滤压力。
⑥ 做几组并行实验。

(4) 实验结束清洗装置
① 实验结束后，打开自来水阀门 V04。
② 打开阀门 V02，对泵及滤浆进出口管进行冲洗。
③ 关闭阀门 V01。

9.5 数据处理

记录过滤时间 τ、滤液高度 h；记录并计算过滤压差分别为 0.5MPa、1.0MPa 时的 h、q、Δq、θ 等。

9.6 实验报告

(1) 处理数据，计算恒压过滤操作时的 K、q_e、τ_e。
(2) 对实验结果进行分析讨论。

思考题

(1) 深层过滤中，固体颗粒尺寸与介质空隙有何关系？
(2) 在板框过滤中，过滤阻力主要是指什么？
(3) 实验开始阶段得到的滤液通常浑浊，可能是因为什么导致的？

第10章

伯努利方程演示实验

10.1 实验目的

（1）验证连续性方程和伯努利方程。
（2）考察流体流速与管径关系以及流体阻力与流量关系。
（3）定性观察流体流经节流件、弯头的压降情况。

10.2 实验原理

流体流动遵守质量守恒定律和能量守恒定律，以此为出发点进行流体力学性质的研究。

10.2.1 连续性方程

对于流体在管内稳定流动时的质量守恒形式表现为如下的连续性方程

$$\rho_1 \iint_1 u \mathrm{d}A = \rho_2 \iint_2 u \mathrm{d}A \tag{10.1}$$

式中 ρ_1，ρ_2——管内任意两截面的管内流体密度；
u——流体流速；
A——管路截面积。

根据平均流速的定义，有

$$\rho_1 u_1 A_1 = \rho_2 u_2 A_2 \tag{10.2}$$

即

$$m_1 = m_2 \tag{10.3}$$

而对均质、不可压缩流体，$\rho_1 = \rho_2 =$ 常数，则式(10.2)变为

$$u_1 A_1 = u_2 A_2 \tag{10.4}$$

可见，对均质、不可压缩流体，平均流速与流通截面积成反比，即面积越大，流速越小；反之，面积越小，流速越大。

对圆管，$A = \pi d^2 / 4$（d 为直径），于是式(10.4)可转化为

$$u_1 d_1^2 = u_2 d_2^2 \tag{10.5}$$

10.2.2 机械能衡算方程

对于均质、不可压缩流体，在管路内稳定流动时，其机械能衡算方程（以单位质量流体为基准）为：

$$z_1 + \frac{u_1^2}{2g} + \frac{p_1}{\rho g} + H_e = z_2 + \frac{u_2^2}{2g} + \frac{p_2}{\rho g} + H_f \tag{10.6}$$

式中，z 称为位压头；$u^2/2g$ 称为动压头（速度头）；$p/\rho g$ 称为静压头（压力头）；H_e 称为有效压头；H_f 称为压头损失。显然，上式中各项均具有高度的量纲。

关于上述机械能衡算方程的讨论如下。

（1）理想流体的伯努利方程。无黏性的即没有黏性摩擦损失的流体称为理想流体，就是说，理想流体的 $H_f = 0$，若此时又无外加功加入，则机械能衡算方程变为：

$$z_1 + \frac{u_1^2}{2g} + \frac{p_1}{\rho g} = z_2 + \frac{u_2^2}{2g} + \frac{p_2}{\rho g} \tag{10.7}$$

式（10.7）为理想流体的伯努利方程。该式表明，理想流体在流动过程中，总机械能保持不变。

（2）若流体静止，则 $u=0$，$H_e=0$，$H_f=0$，于是机械能衡算方程变为

$$z_1 + \frac{p_1}{\rho g} = z_2 + \frac{p_2}{\rho g} \tag{10.8}$$

式（10.8）即为流体静力学方程，可见流体静止状态是流体流动的一种特殊形式。

10.2.3 管内流动分析

流体流动有层流和湍流两种不同形态。流体作层流流动时，其流体质点作平行于管轴的直线运动，且在径向无脉动；流体作湍流流动时，其流体质点除沿管轴方向作向前运动外，还在径向作脉动，从而在宏观上显示出紊乱地向各个方向作不规则的运动。

流体流动型态可用雷诺数（Re）来判断，雷诺数可用下式表示：

$$Re = \frac{du\rho}{\mu} \tag{10.9}$$

式中 Re——雷诺数，无因次；

d——管子内径，m；

u——流体在管内的平均流速，m/s；

ρ——流体密度，kg/m³；

μ——流体黏度，Pa·s。

式（10.9）表明，对于一定温度的流体，在特定的圆管内流动，雷诺数仅与流体流速有关。层流转变为湍流时的雷诺数称为临界雷诺数，用 Re_c 表示。工程上一般认为，流体在直圆管内流动时，当 $Re \leq 2000$ 时为层流；当 $Re > 4000$ 时，圆管内已形成湍流；当 Re 在 2000 至 4000 范围内，流动处于一种过渡状态，可能是层流，也可能是湍流，或者是二者交替出现，这要视外界干扰而定，一般称这一雷诺数范围为过渡区。

10.3 实验装置

图 10.1 为机械能转化演示实验装置示意图。

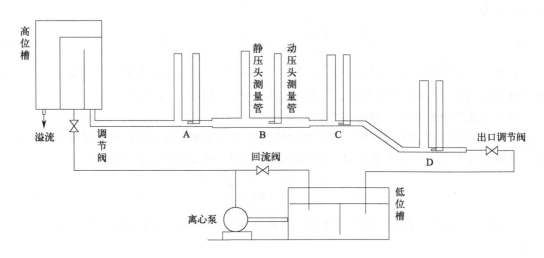

图 10.1 伯努利方程机械能转化演示实验装置示意图

10.3.1 工艺流程检查

根据工艺流程图，弄清管路走向和主体设备的安装及结构情况，对工艺管路及储罐等采用水介质进行检漏，确保系统的密闭性能良好。

10.3.2 试验前的准备

（1）检查贯通试验流程，接通水、电及气源。
（2）确保系统的密闭性能良好的前提下，按需求在原料罐中加入适量的物料，并做好试验前的相关准备工作。

10.3.3 装置的开工

水由稳压溢流水槽流经缓冲槽、试验导管和流量计，最后流回低位贮水槽。水流量的大小，可由流量计和调节阀调节。
（1）将水充满低位贮水槽，关闭流量计后的调节阀。
（2）打开泵体上的排气阀排除泵内的气体，确认泵已灌满且其中的空气已排净，关闭引水阀和泵的排水阀。
（3）在启动泵前，关闭出口控制阀的显示仪表电源开关，以使泵在最低负荷下启动，避免启动脉冲电流过大而损坏电机和仪表。
（4）启动泵，将水注满至高位槽溢流口，水由稳压溢流水槽流经实验导管流回至低位贮水槽。
（5）观察管路中是否有气泡，如果有，必须将气泡除尽，开始试验。

(6) 调节阀门的开度,将流量调至一系列数值,待系统稳定后,观察试验管路中液体流动状态。

10.3.4 装置的停工

试验装置在完成预定试验任务或操作人员在接到试验装置停运的书面通知后,应进行装置停工处理。

停泵时,先关闭泵出口阀,然后再按停泵按钮,接着关闭泵入口阀。关闭冷却水阀和压力表阀,关闭装置系统内不需常开的阀门,防止串液、跑液发生。冬天应放净冷却水管存水以防冻坏设备。

10.4 实验步骤

(1) 先在下水槽中加满清水,保持管路排水阀、出口阀为关闭状态,通过循环泵将水打入上水槽中,使整个管路中充满流体,并保持上水槽液位一定高度,可观察流体静止状态时各管段高度。

(2) 通过出口阀调节管内流量,注意保持上水槽液位高度稳定(即保证整个系统处于稳定流动状态),并尽可能使转子流量计读数在刻度线上。观察记录各单管压力计读数和流量值。

(3) 改变流量,观察各单管压力计读数随流量的变化情况。注意每改变一个流量,需给予系统一定的稳流时间,方可读取数据。

(4) 结束实验,关闭循环泵,全开出口阀排尽系统内流体,之后打开排水阀排空管内沉积段流体。

注意:① 若不是长期使用该装置,对下水槽内液体也应作排空处理,防止沉积尘土,否则可能堵塞测速管。

② 每次实验开始前,也需先清洗整个管路系统,即先使管内流体流动数分钟,检查阀门、管段有无堵塞或漏水情况。

10.5 数据处理

观察现象及填写实验数据记录(表10.1)。

表10.1 实验数据记录表 单位:mmH_2O

实验导管出口开度位置	A 截面		B 截面		C 截面		D 截面	
	静压头	冲压头	静压头	冲压头	静压头	冲压头	静压头	冲压头
半开标尺读数								
以 D 截面中心线为零基准面读数								

注:1. A 截面的直径为14mm;B 截面的直径为28mm;C 截面、D 截面的直径为14mm;以 D 截面中心线为零基准面(即标尺为−305mm)$Z_D=0$。A 截面和 D 截面的距离为95mm。A、B、C 截面 $Z_A=Z_B=Z_C=95$(即标尺为−210mm)。

2. $1mmH_2O=9.81Pa$。

10.6 实验报告

(1) 对冲压头进行分析。冲压头为静压头与动压头之和。在实验中观测在 A、B 截面上的冲压头的变化趋势，是否符合伯努利方程。

(2) 对 A、B 截面间静压头进行分析。两截面处的静压头之差是由动压头减小和两截面间的压头损失来决定。在实验导管出口调节阀全开时，读取 A 处静压头与 B 处静压头的数值，分析两者之间的能量转化。

(3) 对 C、D 截面间静压头进行分析。当出口阀全开时，分析从 C 到 D 静压头的变化趋势。

(4) 压头损失计算。以 C-D 为例，出口阀全开时从 C 到 D 的压头损失之和为 H_f，在 C、D 两截面间列伯努利方程，用冲压头或者静压头计算压头损失。

思考题

(1) 各项压头随流速的变化规律是怎样的？

(2) 造成压头损失的因素有哪些？

第 11 章

雷诺实验

11.1 实验目的

(1) 观察流体在管内流动的两种不同流型。
(2) 测定临界雷诺数 Re_c。

11.2 实验原理

流体流动有层流(或称滞流)和湍流(或称紊流)两种不同形态。对其具体的分析可见"10.2.3 管内流动分析"内容。

11.3 实验装置

本实验的实验装置如图 11.1 所示。

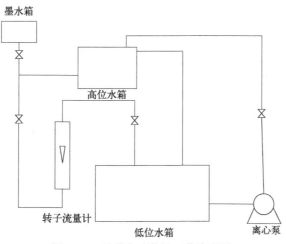

图 11.1 雷诺实验装置工艺流程图

11.3.1 工艺流程检查

依照工艺流程图,弄清管路走向和主体设备的安装及结构情况,之后对工艺管路及储罐等采用水介质进行检漏,确保系统的密闭性能良好。

11.3.2 试验前的准备

(1) 检查、打通试验流程,接通装置需要的水、电、气源。

(2) 装置检漏试验合格后,按试验需求在原料罐加入适量物料,并做好试验前的相关准备工作。

11.3.3 装置的开工

水由稳压溢流水槽流经缓冲槽、试验导管和流量计,最后流回低位水箱。水流量的大小,可由流量计和调节阀调节。

(1) 将循环水充满低位水箱,关闭流量计后的调节阀。

(2) 打开泵体上的排气阀排除泵内的气体,确认泵已灌满且其中的空气已排净,关闭引水阀和泵的排水阀。

(3) 在启动泵前,关闭出口控制阀的显示仪表电源开关,以使泵在最低负荷下启动,避免启动脉冲电流过大而损坏电机和仪表。

(4) 启动泵,将水注满至高位水箱溢流口,水由稳压溢流水槽流经实验导管流回至低位水箱。

(5) 观察管路中是否有气泡,如果有,必须将气泡除尽,开始试验。

(6) 调节阀门的开度,将流量调至一系列数值,待系统稳定后,观察试验管路中液体流动状态。

11.3.4 装置的停工

实验完成后,停泵时,先关闭泵出口阀,然后再按停泵按钮,接着关闭泵入口阀。关闭冷却水阀和压力表阀,关闭装置系统内不需常开的阀门,防止串液、跑液发生。

11.4 实验步骤

11.4.1 层流流动型态

试验时,先少许开启调节阀,将流速调至所需要的值。再调节红墨水箱的下口旋塞,并作精细调节,使红墨水的注入流速与试验导管中主体流体的流速相适应,一般略低于主体流体的流速为宜。待流动稳定后,记录主体流体的流量。此时,在试验导管的轴线上,就可观察到一条平直的红色细流,好像一根拉直的红线一样。

11.4.2 湍流流动型态

缓慢地加大调节阀的开度,使水流量平稳地增大,导管内的流速也随之平稳地增大。此时可观察到，导管轴线上呈直线流动的红色细流，开始发生波动。随着流速的增大，红色细流的波动程度也随之增大，最后断裂成一段段的红色细流。当流速继续增大时，红墨水进入试验导管后立即呈烟雾状分散在整个导管内，进而迅速与主体水流混为一体，使整个管内流体染为红色，以致无法辨别红墨水的流线。

11.5 数据处理

读取转子流量计的数值并记录到表 11.1。

表 11.1 实验数据记录表

水温：28.9℃　　管道直径：20mm

序号	流量/(10^{-4}m³/s)	流速/(m/s)	Re	现象	流型
1					
2					
3					
4					
5					

11.6 实验报告

整理、记录数据，并以其中一组数据为例，写出计算过程；并分析 Re 与流型间的关系。

思考题

流体运动状态的关键因素是什么？

第 12 章
旋风分离实验

12.1 实验目的

（1）观察含尘气体、固体尘粒和气体在分离过程中的运动路线。

（2）定性地观察旋风分离器内，认识出灰口和集尘室密封良好的必要性。

（3）观察分离器的分离效果和流动阻力随进口气速的变化趋势，思考适宜气速该如何确定。

12.2 实验原理

关于含尘气体、固体尘粒和气体的流动线路：含尘气体出分离器圆筒部分上的进气管，沿切线方向进入，受气壁的约束而作向下的螺旋形运动。气体和尘粒同时受到惯性离心力的作用。因尘粒的密度远大于气体的密度，所以尘粒所受到的惯性离心力远大于气体的。在远大于气体的惯性离心力的作用下，尘粒在作向下的旋转运动的同时也作向外的径向运动，其结果是尘粒被甩向器壁，与气体分离。然后在气流摩擦力和重力的作用下，再沿器壁表面作向下的螺旋运动，最后落入锥底的排灰口内。含尘气体在作向下螺旋运动的过程中逐渐净化。在到达分离器的圆锥部分时，被净化了的气流由以靠近器壁的空间为范围的下行螺旋运动改为以中心轴附近空间为范围的上行螺旋运动，最后由分离器顶部的排气管排出。下行螺旋在外，上行螺旋在内，但两者的旋转方向是相同的。下行螺旋流的上部是主要的除尘区。在演示实验中所看到的螺旋状轨迹，是已经被甩到器壁上的粉粒被下行螺旋气流吹扫着沿器壁表面向下螺旋运动的情况。

12.3 实验装置

本实验的实验装置图如图 12.1 所示。

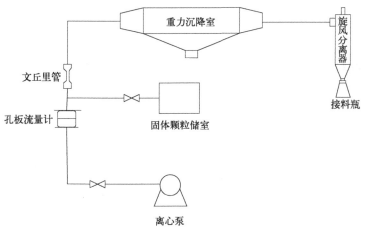

图 12.1 实验装置图

12.4 实验步骤

12.4.1 工艺流程检查

检查流程是否正确,阀门启闭是否良好。然后对工艺管路及储罐等采用空气介质进行检漏,确保系统的密闭性能良好。

12.4.2 试验前的准备

(1) 检查、打通试验流程,接通装置需要的水、电、气源。

(2) 装置检漏试验合格后,按试验需求在固体颗粒仓加入适量的固体颗粒,宜选取带有颜色的固体颗粒,并做好试验前的相关准备工作。

12.4.3 装置的开工

(1) 打开风机开关,调节风机出口旁路上的调节阀,通过观察孔板流量计读数,控制开关的大小。

(2) 气体流经文丘里管时,由于负压作用,重力沉降室自动吸入固体颗粒。

(3) 在重力沉降室中,部分固体颗粒在重力作用下下沉至沉降室底部,部分固体颗粒随气体进入旋风分离器。

(4) 随后,含尘气流进入旋风分离器,颗粒经旋风分离落入下部的灰斗,气流由器顶排气管旋转流出。

12.4.4 装置的停工

试验装置在完成预定试验任务或操作人员在接到试验装置停运的书面通知后,应进行装置停工处理。先关闭风机开关,然后关闭装置系统内不需常开的阀门,防止串液、跑液发生,清理卫生。

12.5 数据处理

(1) 先使用接料瓶或盲堵封闭排灰口，将流量调至最大值（1000m³/h 左右），然后平均选取 3~5 组流量值（如 1000m³/h，700m³/h，400m³/h，100m³/h），观察各出口压差值并记录到表 12.1。

表 12.1 旋风分离器空载数据表

序号	压差表 /Pa	流量 V /(m³/h)	流速 u /(m/s)	Δp（进口-上出口） /mmH₂O	Δp 中上口 /mmH₂O	Δp 中下口 /mmH₂O	Δp 下出口 /mmH₂O
1	1000						
2	700						
3	400						
4	100						
...							

注：1mmH₂O=9.81Pa。

(2) 使用接料瓶封闭排灰口，流量调至较低值（如 50m³/h），打开排料口，通过调节阀逐渐加大流量，直到固体颗粒进入旋风分离器，看到明显的旋风分离现象（即固体通过旋流分离进入排灰口底部，干净气体排入上出口），将流量和各出口压力或压差值记录到表 12.2（作为第 1 组数据，如 100）。

表 12.2 旋风分离器负荷实验数据表

序号	压差表 /Pa	V 流量 /(m³/h)	u 流速 /(m/s)	Δp 进口-上出口 /mmH₂O	Δp 中上口 /mmH₂O	Δp 中下口 /mmH₂O	Δp 下出口 /mmH₂O
1	100						
2	200						
3	300						
4	400						
...							

注：1mmH₂O=9.81Pa。

(3) 通过调节阀逐渐加大流量，看到明显的旋风分离现象，直至顶部开始出现固体颗粒，将流量和各出口压力或压差值记录到表 12.2（作为第 4 组数据，如 400）。

(4) 再在第 1 组和第 4 组数据中间，均匀选取两个流量值作为第 2 组和第 3 组数据，将流量和各出口压力或压差值记录到表 12.2（如 200 和 300）。

12.6 实验报告

根据表 12.1 和表 12.2，以流速 u 为横坐标，以压差 Δp 为纵坐标，对空载数据和负荷实验数据分别作图。

思考题

(1) 旋风分离器静压强如何分布?
(2) 旋风分离器流量与各静压强的变化关系是什么?
(3) 旋风分离器的操作流量范围是什么?

第13章
流体流动阻力测定实验

13.1 实验目的

(1) 掌握测定流体流经直管、管件和阀门时阻力损失的一般实验方法。
(2) 测定直管阻力摩擦系数 λ 与雷诺数 Re 的关系,验证在一般湍流区内 λ 与 Re 的关系曲线。
(3) 测定流体流经管件、阀门时的局部阻力系数 ξ。

13.2 实验原理

流体通过由直管、管件(如三通和弯头等)和阀门等组成的管路系统时,由于黏性剪应力和涡流应力的存在,要损失一定的机械能。流体流经直管时所造成的机械能损失称为直管阻力损失。流体通过管件、阀门时因流体运动方向和速度大小改变所引起的机械能损失称为局部阻力损失。

13.2.1 直管阻力摩擦系数 λ 的测定

流体在水平等径直管中稳定流动时,阻力损失为:

$$h_f = \frac{\Delta p_f}{\rho} = \frac{p_1 - p_2}{\rho} = \lambda \frac{l}{d} \times \frac{u^2}{2} \tag{13.1}$$

即

$$\lambda = \frac{2d \Delta p_f}{\rho l u^2} \tag{13.2}$$

式中 λ——直管阻力摩擦系数,无因次;
 d——直管内径,m;
 Δp_f——流体流经 1m 直管的压力降,Pa;
 h_f——单位质量流体流经 1m 直管的机械能损失,J/kg;
 ρ——流体密度,kg/m³;

l——直管长度，m；

u——流体在管内流动的平均流速，m/s。

滞流（层流）时，

$$\lambda = \frac{64}{Re} \tag{13.3}$$

$$Re = \frac{du\rho}{\mu} \tag{13.4}$$

式中　Re——雷诺数，无因次；

　　　μ——流体黏度，kg/(m·s)。

湍流时λ是雷诺数Re和相对粗糙度（ε/d）的函数，须由实验确定。

由式(13.2)~式(13.4)可知，欲测定λ，需确定l、d，测定Δp_f、u、ρ、μ等参数。l、d为装置参数（装置参数表格中给出），ρ、μ通过测定流体温度，再查有关手册而得，u通过测定流体流量，再由管径计算得到。

例如本装置采用涡轮流量计测流量V（m³/h）。

$$u = \frac{V}{900\pi d^2} \tag{13.5}$$

13.2.2　局部阻力系数 ξ 的测定

局部阻力损失通常有两种表示方法，即当量长度法和阻力系数法。本实验采用阻力系数法表示管件或阀门的局部阻力损失。

流体通过某一管件或阀门时的机械能损失表示为流体在小管径内流动时平均动能的某一倍数，局部阻力的这种计算方法，称为阻力系数法。即：

$$h'_f = \frac{\Delta p'_f}{\rho} = \xi \frac{u^2}{2} \tag{13.6}$$

故

$$\xi = \frac{2\Delta p'_f}{\rho u^2} \tag{13.7}$$

$$\Delta p'_f = 2\Delta p_{近} - \Delta p_{远} \tag{13.8}$$

式中　ξ——局部阻力系数，无因次；

　　　$\Delta p'_f$——局部阻力压降（本装置中，所测得的压降应扣除两测压口间直管段的压降，直管段的压降由直管阻力实验结果求取），Pa；

　　　$\Delta p_{近}$——近端压降，Pa；

　　　$\Delta p_{远}$——远端压降，Pa；

　　　ρ——流体密度，kg/m³；

　　　u——流体在小截面管中的平均流速，m/s。

13.3　实验装置

本实验装置如图13.1所示。

装置参数如表13.1所示。

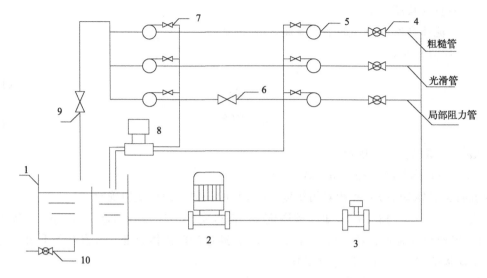

图 13.1　流体流动阻力测定实验装置流程示意图

1—水箱；2—管道泵；3—流量计；4—管路选择球阀；5—测压点；6—局部阻力管上闸阀；
7—连接压力变送器球阀；8—差压变送器；9—出口阀；10—排水阀

表 13.1　装置参数

名称	材质	管路号	管内径/mm	测量段长度/mm
局部阻力管	闸阀	1A	20.0	1000
粗糙管	不锈钢管	1B	8.0	1000
光滑管	不锈钢管	1C	10.0	1000

13.4　实验步骤

（1）泵启动。首先对水箱进行灌水，然后关闭出口阀，打开总电源和仪表开关，启动水泵，待电机转动平稳后，把出口阀缓缓开到最大。

（2）实验管路选择。选择实验管路，把对应的进口阀打开，并在出口阀最大开度下，保持全流量流动 5~10min，打开测压管阀门，排除测压管内的空气。

（3）流量调节。开启管路出口阀，调节流量，让流量从小到最大范围内变化，建议每次实验变化 0.3m³/h 左右。每次改变流量，待流动达到稳定后，记下对应的压差值。测定局部阻力时，局部阻力管上闸阀打到全开和半开两种状态测定。

（4）实验结束。关闭出口阀，关闭水泵和仪表电源，清理装置。

注意：离心泵启动前应关闭出口阀，避免由于压力大将转子流量计的玻璃管打碎；测量前要先排除测压管内的空气。

13.5　数据处理

直管基本参数：光滑管径_____；粗糙管径_____；局部阻力管径_____。

将实验数据分别记录至表 13.2、表 13.3、表 13.4 和表 13.5。

表 13.2　光滑管 λ 测定实验数据记录及处理

实验序号	转子流量 Q /(m³/h)	涡轮流量 Q /(m³/h)	光滑管 Δp /kPa	流速 u /(m/s)	Re /($\times 10^4$)	λ
1						
2						
3						
...						

表 13.3　粗糙管 λ 测定实验数据记录及处理

实验序号	转子流量 Q /(m³/h)	涡轮流量 Q /(m³/h)	光滑管 Δp /kPa	流速 u /(m/s)	Re /($\times 10^4$)	λ
1						
2						
3						
...						

表 13.4　阀门全开时局部阻力系数 ξ 测定实验数据记录及处理

实验序号	转子流量 Q /(m³/h)	涡轮流量 Q /(m³/h)	远端 Δp /kPa	近端 Δp /kPa	$\Delta p'_f$ /kPa	流速 u /(m/s)	Re /($\times 10^4$)	ξ
1								
2								
3								
...								

表 13.5　阀门半开时局部阻力系数 ξ 测定实验数据记录及处理

实验序号	转子流量 Q /(m³/h)	涡轮流量 Q /(m³/h)	远端 Δp /kPa	近端 Δp /kPa	$\Delta p'_f$ /kPa	流速 u /(m/s)	Re /($\times 10^4$)	ξ
1								
2								
3								
...								

计算：装置确定时，根据 Δp 和 u 的实验测定值，可计算 λ、ξ 和 Re，因此只要调节管路流量，即可得到一系列 λ-Re 的实验点，从而绘出 λ-Re 曲线。

13.6　实验报告

（1）根据粗糙管实验结果，在双对数坐标纸上标绘出 λ-Re 曲线，对照《化工原理》教材上有关曲线图，即可估算出该管的相对粗糙度和绝对粗糙度。

(2) 根据局部阻力实验结果，求出闸阀全开和半开两种状态的 ξ 平均值。
(3) 对实验结果进行分析讨论。

思考题

(1) 在对装置做排气工作时，是否一定要关闭流程尾部的出口阀？为什么？
(2) 如何检测管路中的空气是否已经被排除干净？
(3) 以水做介质所测得的 $\lambda\text{-}Re$ 关系能否适用于其他流体？如何应用？
(4) 在不同设备上（包括不同管径）、不同水温下测定的 $\lambda\text{-}Re$ 数据能否关联在同一条曲线上？
(5) 如果测压口、孔边缘有毛刺或安装不垂直，对静压的测量有何影响？

第14章
流量计系数测定实验

14.1 实验目的

(1) 熟悉节流式流量计的构造、工作原理和主要特点。
(2) 掌握节流式流量计标定方法。
(3) 测定节流式流量计的流量系数 C 与雷诺数 Re 的变化规律。

14.2 实验原理

常用的流量计大都按标准规范制造,出厂前厂家需通过实验为用户提供流量曲线或给出规定的流量计算公式用的流量系数,或将流量读数直接刻显示仪表上。如果用户遗失出厂的流量曲线或被测流体的密度与工厂标定所用流体不同,或流量计经长期使用而磨损,或使用自制非标准流量计时,都必须对流量计进行标定。孔板流量计和文丘里流量计是应用广泛的节流式流量计。

流量系数 C 与雷诺数 Re 关系曲线的测定原理如下。

依据流体通过节流流量计时,其上下游两取压口之间压强差与流量有如下关系式:

$$V_s = CA_0 \sqrt{\frac{2(p_上 - p_下)}{\rho}} \tag{14.1}$$

则

$$C = \frac{V_s}{A_0 \sqrt{\frac{2(p_上 - p_下)}{\rho}}} \tag{14.2}$$

式中 V_s——被测流体的体积流量,m^3/s;

A_0——孔口截面积,m^2;

C——流量系数;

$p_上 - p_下$——流量计上、下游取压口之间的压强差,Pa。

$$A_0 = \frac{\pi}{4}d_0^2$$

本实验中对于孔板流量计 $d_0 = 0.012\mathrm{m}$，对于文丘里流量计 $d_0 = 0.0135\mathrm{m}$。

$$Re = \frac{du\rho}{\mu} \tag{14.3}$$

$$u = \frac{V_s}{\frac{1}{4}\pi d^2} \tag{14.4}$$

式中 d——试验管内径，$d = 0.030\mathrm{m}$。

式中 μ、ρ 可根据实验温度，查有关手册得到。在单对数坐标纸上，以 Re 为横坐标，以 C 为纵坐标即可绘出 C-Re 的关系曲线。

14.3 实验装置

实验装置如图 14.1 所示。

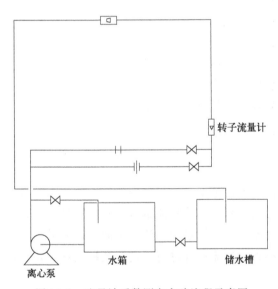

图 14.1 流量计系数测定实验流程示意图

14.4 实验步骤

(1) 开启总电源，开仪表开关。关闭泵出口阀，启动离心泵。
(2) 选择被测量流量计管路，关闭另一条测量管路。
(3) 打开测量管路流量至最大，排除测压管内的空气。
(4) 调节流量调节阀在 $0.25 \sim 3.6 \mathrm{m}^3/\mathrm{h}$ 之间，测取至少 7 组数据并记录。
(5) 切换到另一被测量流量计管路，重复上述（3）（4）步操作。
(6) 实验结束，先将出口阀关闭，后停泵，最后关仪表开关和总电源。

注意：(1) 离心泵启动前应关闭出口阀，避免由于压力大将转子流量计的玻璃管打碎。

(2) 为了了解小雷诺数 Re 与流量计系数 C 的关系，要求在做小流量时尽量多测几组数据。

14.5 数据处理

将该实验相关数据填入表 14.1 和表 14.2。

表 14.1　孔板流量计性能测定实验数据记录及处理表

实验序号	转子流量 Q /(m³/h)	涡轮流量 Q /(m³/h)	孔板 Δp /kPa	流速 u /(m/s)	Re /(×10⁴)	C_0
1						
2						
3						
...						

表 14.2　文丘里流量计性能测定实验数据记录及处理表

实验序号	转子流量 Q /(m³/h)	涡轮流量 Q /(m³/h)	文丘里 Δp /kPa	流速 u /(m/s)	Re /(×10⁴)	C_V
1						
2						
3						
...						

14.6 实验报告

(1) 将实验测定的原始数据及计算所得到的流量 V_s、流速 u、雷诺数及流量系数 C 列于一表。

(2) 以雷诺数 Re 为横坐标，以流量系数 C 为纵坐标在半对数坐标纸上绘制 C-Re 关系曲线。

思考题

(1) 在进行流量计系数测定时，流体的温度和密度等参数对其系数测定值有何影响？

(2) 在实验前，测压管内的空气必须排净吗？为什么？

第 15 章
离心泵特性测定实验

15.1 实验目的

(1) 掌握离心泵特性曲线测定实验的原理、方法,根据实验数据绘制扬程、功率和效率与流量的关系曲线图。

(2) 学习流量、功率、转速、压力和温度等参数的测量方法,了解孔板流量计、调节阀以及相关仪表的原理和操作。

15.2 实验原理

离心泵的特性曲线是选择和使用离心泵的重要依据之一,其特性曲线是在恒定转速下泵的扬程 H、轴功率 N 及效率 η 与泵的流量 Q 之间的关系曲线,它是流体在泵内流动规律的宏观表现形式。由于泵体内部流动情况复杂,不能用理论方法推导出泵的特性关系曲线,只能依靠实验测定。

15.2.1 扬程 H 的测定与计算

取离心泵进口真空表和出口压力表处为 1、2 两截面,列机械能衡算方程:

$$z_1 + \frac{p_1}{\rho g} + \frac{u_1^2}{2g} + H = z_2 + \frac{p_2}{\rho g} + \frac{u_2^2}{2g} + \sum h_f \tag{15.1}$$

式中 ρ——流体密度,kg/m^3;
g——重力加速度,m/s^2;
p_1、p_2——分别为泵进、出口的真空度和表压,Pa;
u_1、u_2——分别为泵进、出口的流速,m/s;
z_1、z_2——分别为真空表、压力表的安装高度,m。

由于两截面间的管长较短,通常可忽略阻力项 $\sum h_f$,速度平方差也很小故可忽略,则有

$$H = (z_2 - z_1) + \frac{p_2 - p_1}{\rho g}$$
$$= H_0 + H_1(表值) + H_2 \tag{15.2}$$
$$H_0 = z_2 - z_1$$

式中 H_0——泵出口和进口间的位差，m；

H_1、H_2——分别为泵进、出口的真空度和表压对应的压头，m。

由上式可知，只要直接读出真空表和压力表上的数值及两表的安装高度差，就可计算出泵的扬程。

15.2.2 轴功率 N 的测量与计算

$$N = N_电 \times k \tag{15.3}$$

式中，$N_电$为电功率表显示值，W；k代表电机传动效率，可取 $k=0.95$。

15.2.3 效率 η 的计算

泵的效率 η 是泵的有效功率 Ne 与轴功率 N 的比值。有效功率 Ne 是单位时间内流体经过泵时所获得的实际功，轴功率 N 是单位时间内泵轴从电机得到的功，两者差异反映了水力损失、容积损失和机械损失的大小。泵的有效功率 Ne 可用下式计算：

$$Ne = HQ\rho g \tag{15.4}$$

故泵效率为
$$\eta = \frac{HQ\rho g}{N} \times 100\% \tag{15.5}$$

式中 H——扬程，m；

Q——流量，m^3/s。

15.3 实验装置

离心泵特性曲线测定装置流程图如图 15.1 所示。

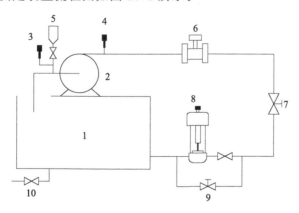

图 15.1 离心泵特性曲线测定实验装置流程示意图

1—水箱；2—离心泵；3—泵进口真空表；4—泵出口压力表；5—灌泵口；
6—孔板流量计；7—离心泵的管路阀；8—调节阀；9—旁路闸阀；10—排水阀

15.4 实验步骤

（1）开启总电源，开仪表开关。

（2）清洗水箱，并加装实验用水。关闭泵进口阀，给离心泵灌水，排出泵内气体。

（3）开启离心泵之前先将出口阀关闭，然后启动离心泵，按变频器启动开关，并调节变频器调节钮至最大。

（4）排除测压管内空气。

（5）实验时，通过逐渐增加调节阀的开度以增大流量，待各仪表读数显示稳定后，读取相应测量数据。离心泵特性实验主要获取实验数据为：流量 Q、泵进口压力 p_1、泵出口压力 p_2、电机功率 $N_电$ 及流体温度 t 和两测压点间高度差 H_0（$H_0=0.3\text{m}$）。

（6）在流量 $0\sim7\text{m}^3/\text{h}$ 之间测取 10 组左右数据后，先将出口阀关闭，然后停泵，最后关仪表开关和总电源。

注意：（1）一般每次实验前，均需对泵进行灌泵操作，以防止离心泵气缚。同时注意定期对泵进行保养，防止叶轮被固体颗粒损坏。

（2）测量前要先排除测压管内的空气。

15.5 数据处理

离心泵型号：　　　　额定流量：　　　　额定扬程：　　　　额定功率：

泵进出口测压点高度差 H_0：　　　流体温度 t：

将实验数据记录至表 15.1 和表 15.2。

表 15.1 原始数据记录表

实验次数	流量 Q /(m³/h)	泵进口压力 p_1 /kPa	泵出口压力 p_2 /kPa	电机功率 $N_电$ /kW
1				
2				
3				
…				

表 15.2 计算数据表

实验次数	流量 Q /(m³/h)	扬程 H /m	轴功率 N /kW	泵效率 η /%
1				
2				
3				
…				

15.6 实验报告

（1）分别绘制一定转速下的 H-Q、N-Q、η-Q 曲线。
（2）分析实验结果，判断泵最为适宜的工作范围。

思考题

（1）试从所测实验数据分析，离心泵在启动时为什么要关闭出口阀门？
（2）启动离心泵之前为什么要引水灌泵？如果灌泵后依然启动不起来，你认为可能的原因是什么？
（3）为什么用泵的出口阀门调节流量？这种方法有什么优缺点？是否还有其他方法调节流量？
（4）泵启动后，出口阀如果不开，压力表读数是否会逐渐上升？为什么？
（5）试分析，用清水泵输送密度为 1200kg/m^3 的盐水，在相同流量下你认为泵的压力是否变化？轴功率是否变化？

第 16 章
恒压过滤常数测定实验

16.1 实验目的

(1) 了解板框过滤的原理及板框过滤机的构造。
(2) 加深对恒压过滤常数 K、q_e、θ_e 的概念和影响因素的理解并掌握 K、q_e 和 θ_e 的测定方法。
(3) 学习滤饼的压缩性指数 S 和物料常数 k 的测定方法。
(4) 学习 $\dfrac{d\theta}{dq}$-q 关系的实验测定方法。

16.2 实验原理

(1) 恒压过滤常数 K、q_e、θ_e 的测定方法。
根据恒压过滤方程:
$$(q+q_e)^2 = K(\theta+\theta_e) \tag{16.1}$$

式中 q——单位过滤面积获得的滤液体积，m^3/m^2；
  q_e——单位过滤面积的虚拟滤液体积，m^3/m^2；
  θ——实际过滤时间，s；
  θ_e——虚拟过滤时间，s；
  K——过滤常数，m^2/s。

将式(16.1)微分得:
$$\frac{d\theta}{dq} = \frac{2}{K}q + \frac{2}{K}q_e \tag{16.2}$$

此为直线方程，于普通坐标系上标绘 $\dfrac{d\theta}{dq}$ 对 q 的关系，所得直线斜率为 $\dfrac{2}{K}$，截距为 $\dfrac{2}{K}q_e$，从而求出 K 和 q_e。

由
$$q_e^2 = K\theta_e \tag{16.3}$$

得
$$\theta_e = \frac{q_e^2}{K} \tag{16.4}$$

当各数据点的时间间隔不大时，$\dfrac{\mathrm{d}\theta}{\mathrm{d}q}$ 可以用增量之比来代替，即：$\dfrac{\Delta\theta}{\Delta q}$ 与 $\bar{q}$ 作图。

（2）压缩性指数 S 和物料特性常数 k 的测定方法。

过滤常数的定义式：
$$K = 2k\Delta p^{1-S} \tag{16.5}$$

两边取对数：
$$\lg(K) = (1-S)\lg(\Delta p) + \lg(2k) \tag{16.6}$$

因
$$k = \frac{1}{\mu r' v}$$

式中 μ——流体黏度；

r'——单位压强差下滤饼的比阻，m^{-2}；

v——滤饼体积与相应的滤液体积之比，m^2/m^2。

由上式可知 k 为常数，故 K 与 Δp 的关系，在双对数坐标上标绘是一条直线。直线的斜率为 $1-S$，截距为 $\lg 2k$，由此可计算出压缩性指数 S 和物料特性常数 k。

16.3　实验装置

恒压过滤实验流程示意图见图 16.1。

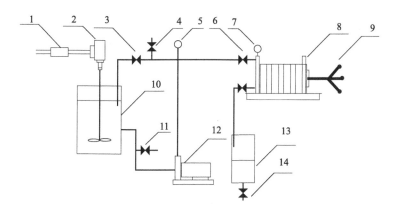

图 16.1　恒压过滤实验流程示意图

1—调速器；2—电动搅拌器；3，4，6，11，14—阀门；5，7—压力表；
8—板框过滤机；9—压紧装置；10—滤浆槽；12—旋涡泵；13—计量桶

如图 16.1 所示，滤浆槽内配有一定浓度的石灰或碳酸钙悬浮液（浓度在 4% 左右），用电动搅拌器进行均匀搅拌（浆液不出现旋涡为好）。启动空气压缩机，使压力表指示在规定值。滤液在计量桶内计量。

16.4　实验步骤

（1）系统接上电源，打开搅拌器电源开关，启动电动搅拌器。将滤液槽内浆液搅拌均匀。

(2) 板框过滤机板、框排列顺序为：固定头—非洗涤板—框—洗涤板—框—非洗涤板—可动头。用压紧装置压紧后待用。

(3) 使进料、出水阀门和洗涤阀处于全关状态。打开空气压缩机压力表头使釜内压力达到规定值。

(4) 待压力表稳定后，打开过滤入口阀开始过滤。当计量桶内见到第一滴液体时按表计时。

(5) 记录滤液每增加高度 20mm 时所用的时间。记录 8 组数据后停止计时，并立即关闭入口阀。

(6) 打开搅拌釜使搅拌釜压力表指示值下降，然后开启压紧装置卸下过滤框内的滤饼并放回滤浆釜内，将滤布清洗干净。放出计量桶内的滤液并倒回釜内，以保证滤浆浓度恒定。

(7) 改变压力，从步骤（2）开始重复上述实验。实验过程中恒压测定 $\Delta p = 0.05\text{MPa}$、$0.10\text{MPa}$、$0.15\text{MPa}$ 三个压力点的压力。

(8) 每组实验结束后应用洗水管路对滤饼进行洗涤，测定洗涤时间和洗水量。

(9) 实验结束后，打开滤浆釜下面放料阀，将釜内液体放出，并用清水冲洗干净。

注意：(1) 过滤板与框之间的密封垫应注意放正，板与框的滤液进出口对齐。用摇柄把过滤设备压紧，以免漏液。

(2) 计量桶的流液管口应贴桶壁，否则液面波动影响读数。

(3) 电动搅拌器为无级调速。使用时首先接上系统电源，打开调速器开关，调速钮一定由小到大缓慢调节，切勿反方向调节或调节过快损坏电机。

(4) 启动搅拌前，用手旋转一下搅拌轴以保证顺利启动搅拌器。

16.5 数据处理

实验条件如下。

过滤板规格：210mm×210mm×20mm。滤布型号：工业用，过滤面积 0.1142m^2。计量桶：（根据计量桶大小自己测量）长____mm、宽____mm。

将数据记录至表 16.1。

表 16.1 实验数据记录及处理表（以 $\Delta p = 0.05\text{MPa}$ 为例）

实验序号	计量桶液位 H /mm	q /(m³/m²)	$\bar{q}$ /(m³/m²)	θ /s	$\Delta\theta$ /s	$\dfrac{\Delta\theta}{\Delta q}$ /(s·m²/m³)
1						
2						
3						

16.6 实验报告

(1) 作出 $\dfrac{d\theta}{dq}$-$\bar{q}$ 曲线和 Δp-K 曲线。

（2）计算恒压过滤常数 K、q_e、θ_e 和滤饼的压缩性指数 S 及物料常数 k 的值。

附：过滤常数 K，q_e，θ_e 的计算举例（以 0.05MPa 第一组为例）

过滤面积：$A=0.0475\text{m}^2$

$\Delta V = S \times H = 0.278 \times 0.325 \times 0.01 = 9.035 \times 10^{-4} (\text{m}^3)$

$\Delta q = \Delta V/A = 9.035 \times 10^{-4}/0.0475 = 0.01902 (\text{m}^3/\text{m}^2)$

$\Delta \theta = 84.47(\text{s})$

$$\frac{\Delta \theta}{\Delta q} = 84.47/0.01902 = 4.44 \times 10^3 (\text{s} \cdot \text{m}^2/\text{m}^3)$$

$$\bar{q} = \frac{q_2 + q_1}{2} = \frac{0.01902 + 0}{2} = 0.00951 (\text{m}^3/\text{m}^2)$$

从 $\dfrac{\Delta \theta}{\Delta q}$-$\bar{q}$ 关系图上直线得

斜率：$\dfrac{2}{K} = 97310$ 　　$K = 2.055 \times 10^{-5} (\text{m}^2/\text{s})$

截距：$\dfrac{2}{K}q_e = 2338.7$ 　　$q_e = 0.0240 (\text{m}^3/\text{m}^2)$

$$\theta_e = \frac{q_e^2}{K} = \frac{0.0240^2}{2.055 \times 10^{-5}} = 28.0(\text{s})$$

思考题

（1）当操作压力增大一倍，K 值如何变化？

（2）如果滤布没有清洗干净，则所得的 q_e 值如何变化？

第17章
空气-蒸汽对流给热系数测定

17.1 实验目的

(1) 了解间壁式传热元件,掌握给热系数测定的实验方法。
(2) 掌握热电阻测温的方法,观察水蒸气在水平管外壁上的冷凝现象。
(3) 掌握给热系数测定的实验数据处理方法,了解影响给热系数的因素和强化传热的途径。

17.2 实验原理

在工业生产过程中,大量情况下,冷、热流体系通过固体壁面(传热元件)进行热量交换,称为间壁式传热。如图17.1所示,间壁式传热过程由热流体对固体壁面的对流传热,固体壁面的热传导和固体壁面对冷流体的对流传热所组成。

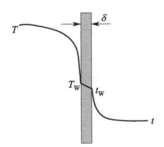

图17.1 间壁式传热过程示意图

达到传热稳定时,有

$$Q = m_1 c_{p1}(T_1 - T_2) = m_2 c_{p2}(t_2 - t_1)$$
$$= \alpha_1 A_1 (T - T_W)_m = \alpha_2 A_2 (t_W - t)_m \tag{17.1}$$
$$= K A \Delta t_m$$

式中　Q——传热量，J/s；
　　　m_1——热流体的质量流率，kg/s；
　　　c_{p1}——热流体的比热容，J/(kg·℃)；
　　　T_1——热流体的进口温度，℃；
　　　T_2——热流体的出口温度，℃；
　　　m_2——冷流体的质量流率，kg/s；
　　　c_{p2}——冷流体的比热容，J/(kg·℃)；
　　　t_1——冷流体的进口温度，℃；
　　　t_2——冷流体的出口温度，℃；
　　　α_1——热流体与固体壁面的对流传热系数，W/(m²·℃)；
　　　A_1——热流体侧的对流传热面积，m²；
$(T-T_W)_m$——热流体与固体壁面的对数平均温差，℃；
　　　α_2——冷流体与固体壁面的对流传热系数，W/(m²·℃)；
　　　A_2——冷流体侧的对流传热面积，m²；
$(t_W-t)_m$——固体壁面与冷流体的对数平均温差，℃；
　　　K——以传热面积 A 为基准的总给热系数，W/(m²·℃)；
　　　Δt_m——冷热流体的对数平均温差，℃。

热流体与固体壁面的对数平均温差可由式(17.2) 计算

$$(T-T_W)_m = \frac{(T_1-T_{W1})-(T_2-T_{W2})}{\ln\dfrac{T_1-T_{W1}}{T_2-T_{W2}}} \tag{17.2}$$

式中　T_{W1}——热流体进口处热流体侧的壁面温度，℃；
　　　T_{W2}——热流体出口处热流体侧的壁面温度，℃。

固体壁面与冷流体的对数平均温差可由式(17.3) 计算

$$(t_W-t)_m = \frac{(t_{W1}-t_1)-(t_{W2}-t_2)}{\ln\dfrac{t_{W1}-t_1}{t_{W2}-t_2}} \tag{17.3}$$

式中　t_{W1}——冷流体进口处冷流体侧的壁面温度，℃；
　　　t_{W2}——冷流体出口处冷流体侧的壁面温度，℃。

热、冷流体间的对数平均温差可由式(17.4) 计算

$$\Delta t_m = \frac{(T_1-t_2)-(T_2-t_1)}{\ln\dfrac{T_1-t_2}{T_2-t_1}} \tag{17.4}$$

当在套管式间壁换热器中，环隙通以水蒸气，内管管内通以冷空气或水进行对流传热系数测定实验时，则由式(17.5) 得内管内壁面与冷空气或水的对流传热系数

$$\alpha_2 = \frac{m_2 c_{p2}(t_2-t_1)}{A_2(t_W-t)_M} \tag{17.5}$$

$$t_W = \frac{t_{W1}+t_{W2}}{2}$$

实验中测定紫铜管的壁温 t_{W1}、t_{W2}；冷空气或水的进出口温度 t_1、t_2；实验用紫铜管的长度 l、内径 d_2，$A_2=\pi d_2 l$；冷流体的质量流量 m_2。即可计算 α_2。

然而，直接测量固体壁面的温度，尤其管内壁的温度，实验技术难度大，而且所测得的数据准确性差，带来较大的实验误差。因此，通过测量相对较易测定的冷热流体温度来间接推算流体与固体壁面间的对流给热系数就成为人们广泛采用的一种实验研究手段。

由式(17.1) 得

$$K=\frac{m_2 c_{p2}(t_2-t_1)}{A\Delta t_m} \tag{17.6}$$

实验测定 m_2、t_1、t_2、T_1、T_2，并查取 $t_{平均}=\frac{1}{2}(t_1+t_2)$ 下冷流体对应的 c_{p2}、换热面积 A，即可由上式计算得总给热系数 K。

下面通过两种方法来求对流给热系数。

17.2.1　近似法求算对流给热系数

以管内壁面积为基准的总给热系数与对流给热系数间的关系为

$$\frac{1}{K}=\frac{1}{\alpha_2}+R_{S2}+\frac{bd_2}{\lambda d_m}+R_{S1}\frac{d_2}{d_1}+\frac{d_2}{\alpha_1 d_1} \tag{17.7}$$

式中　d_1——换热管外径，m；

d_2——换热管内径，m；

d_m——换热管的对数平均直径，m；

b——换热管的壁厚，m；

λ——换热管材料的热导率，W/(m·K)；

R_{S1}——换热管外侧的污垢热阻，m^2·K/W；

R_{S2}——换热管内侧的污垢热阻，m^2·K/W。

用本装置进行实验时，管内冷流体与管壁间的对流给热系数[W/(m^2·K)]为几十到几百；而管外为蒸汽冷凝，冷凝给热系数 α_1 可达 10^4 W/(m^2·K) 左右，因此冷凝传热热阻 $\frac{d_2}{\alpha_1 d_1}$ 可忽略，同时蒸汽冷凝较为清洁，因此换热管外侧的污垢热阻 $R_{S1}\frac{d_2}{d_1}$ 也可忽略。实验中的传热元件材料采用紫铜，热导率为 383.8W/(m·K)，壁厚为 2.5mm，因此换热管壁的导热热阻 $\frac{bd_2}{\lambda d_m}$ 可忽略。若换热管内侧的污垢热阻 R_{S2} 也忽略不计，则由式(17.7) 得

$$\alpha_2 \approx K \tag{17.8}$$

由此可见，被忽略的传热热阻与冷流体侧对流传热热阻相比越小，此法所得的准确性就越高。

17.2.2　传热准数式求算对流给热系数

对于流体在圆形直管内作强制湍流对流传热时，若符合 Re 为 $1.0\times 10^4 \sim 1.2\times 10^5$，$Pr$ 为 0.7～120，管长与管内径之比 $l/d \geqslant 60$，则传热准数经验式为：

$$Nu = 0.023 Re^{0.8} Pr^n \tag{17.9}$$

$$Nu = \frac{\alpha d}{\lambda}$$

$$Re = \frac{du\rho}{\mu}$$

$$Pr = \frac{c_p \mu}{\lambda}$$

式中 Nu——努塞特数，无因次；

Re——雷诺数，无因次；

Pr——普朗特数，无因次；

n——当流体被加热时 $n=0.4$，流体被冷却时 $n=0.3$；

α——流体与固体壁面的对流传热系数，$W/(m^2 \cdot K)$；

d——换热管内径，m；

λ——流体的热导率，$W/(m \cdot K)$；

u——流体在管内流动的平均速度，m/s；

ρ——流体的密度，kg/m^3；

μ——流体的黏度，$Pa \cdot s$；

c_p——流体的比热容，$J/(kg \cdot ℃)$。

对于水或空气在管内强制对流被加热时，可将式(17.9) 改写为

$$\frac{1}{\alpha_2} = \frac{1}{0.023} \times \left(\frac{\pi}{4}\right)^{0.8} \times d_2^{1.8} \times \frac{1}{\lambda_2 Pr_2^{0.4}} \times \left(\frac{\mu_2}{m_2}\right)^{0.8} \tag{17.10}$$

令

$$m = \frac{1}{0.023} \times \left(\frac{\pi}{4}\right)^{0.8} \times d_2^{1.8} \tag{17.11}$$

$$X = \frac{1}{\lambda_2 Pr_2^{0.4}} \times \left(\frac{\mu_2}{m_2}\right)^{0.8} \tag{17.12}$$

$$Y = \frac{1}{K} \tag{17.13}$$

$$C = R_{S2} + \frac{bd_2}{\lambda d_m} + R_{S1}\frac{d_2}{d_1} + \frac{d_2}{\alpha_1 d_1} \tag{17.14}$$

则式(17.7) 可写为

$$Y = mX + C \tag{17.15}$$

当测定管内不同流量下的对流给热系数时，由式(17.14) 计算所得的 C 值为一常数。管内径 d_2 一定时，m 也为常数。因此，实验时测定不同流量所对应的 t_1、t_2、T_1、T_2，由式(17.4)、式(17.6)、式(17.12)、式(17.13) 求取一系列 X、Y 值，再在 X-Y 图上作图或将所得的 X、Y 值回归成一直线，该直线的斜率即为 m。任一冷流体流量下的给热系数 α_2 可用下式求得

$$\alpha_2 = \frac{\lambda_2 Pr_2^{0.4}}{m} \times \left(\frac{m_2}{\mu_2}\right)^{0.8} \tag{17.16}$$

17.2.3 冷流体质量流量的测定

用孔板流量计测冷流体的流量，则

$$m_2 = \rho V \tag{17.17}$$

式中，V 为冷流体进口处流量计读数；ρ 为冷流体进口温度下对应的密度。

17.2.4 冷流体物性与温度的关系式

在 0～100℃之间，冷流体的物性与温度的关系有如下拟合公式。

(1) 空气的密度与温度的关系式：
$$\rho = 10^{-5} t^2 - 4.5 \times 10^{-3} t + 1.2916$$

(2) 空气的比热容与温度的关系式：60℃以下 $c_p = 1005 \text{J/(kg} \cdot \text{℃)}$；70℃以上 $c_p = 1009 \text{J/(kg} \cdot \text{℃)}$。

(3) 空气的热导率与温度的关系式：
$$\lambda = -2 \times 10^{-8} t^2 + 8 \times 10^{-5} t + 0.0244$$

(4) 空气的黏度与温度的关系式：
$$\mu = (-2 \times 10^{-6} t^2 + 5 \times 10^{-3} t + 1.7169) \times 10^{-5}$$

17.3 实验装置

空气-水蒸气换热流程图如图 17.2 所示。

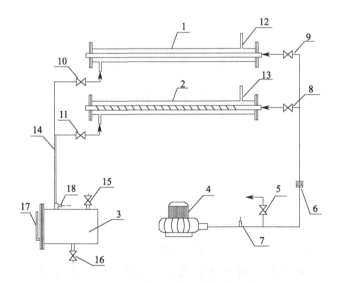

图 17.2 空气-水蒸气换热流程图

1—普通套管换热器；2—内插有螺旋线圈的强化套管换热器；3—蒸汽发生器；
4—旋涡气泵；5—旁路调节阀；6—孔板流量计；7—风机出口温度
（冷流体入口温度）测试点；8、9—空气支路控制阀；10、11—蒸汽支路控制阀；
12、13—蒸汽放空口；14—蒸汽上升主管路；15—加水口；16—放水口；
17—液位计；18—冷凝液回流口

来自蒸汽发生器的水蒸气进入不锈钢套管换热器环隙，与来自风机的空气在套管换热器内进行热交换，冷凝水经疏水器排入地沟。冷空气经孔板流量计或转子流量计进入套管换热器内管（紫铜管），热交换后排出装置外。

设备与仪表规格：

(1) 紫铜管规格：直径 $\phi 25\text{mm} \times 2.5\text{mm}$，长度 $L = 1000\text{mm}$。

(2) 外套不锈钢管规格：直径 $\phi 57\text{mm} \times 2.5\text{mm}$，长度 $L = 1000\text{mm}$。

17.4 实验步骤

(1) 打开控制面板上的总电源开关，打开仪表电源开关，使仪表通电预热 10min，观察仪表显示是否正常。

(2) 在蒸汽发生器中灌装去离子水至水箱的球体 2/3 处。检查电流调节至关闭位置，开启加热电源，调加热电流至 5A，使水处于加热状态，5min 后调电流至 8A。到达符合条件的蒸汽压力后，系统会自动处于保温状态。

(3) 当有蒸汽产生后，开启风机出口旁路阀，打开控制面板上的风机电源开关，让风机工作，选择测量管，并打开冷流体进口阀，关闭旁路阀，调节进口阀，使空气流量至第一个测量点（在空气最小流量和最大流量之间选择 5 个测量点）。

(4) 打开冷凝水出口阀。开始通入蒸汽时，让蒸汽缓缓流入换热器中，逐渐充满系统，然后慢慢使蒸汽进口调节阀开至最大。

(5) 在每个流量条件下，均须待热交换过程稳定后方可记录实验数值，一般每个流量下至少应使热交换过程保持 10~15min 方可视为稳定；改变流量，记录不同流量下的实验数值。

(6) 记录 5~7 组实验数据，可结束实验。

(7) 做完一根管后，切换到另一根管，重复上述操作。

(8) 实验全部结束后，先将加热电流调至零，随后关闭蒸汽发生器电源，然后关闭仪表电源，待系统逐渐冷却后关闭风机电源，最后关闭总电源。

注意：(1) 要注意蒸汽发生器的压力，防止蒸汽压力增大而使发生器炸裂。

(2) 要注意蒸汽发生器的液位，防止出现干烧现象，损坏电加热管。

17.5 数据处理

实验条件：水平管，管内走空气，管外走蒸汽，管内径 $d_i = 0.019\text{m}$，有效长度 $L = 1.0\text{m}$。将实验数据记录至表 17.1、表 17.2 和表 17.3。

表 17.1 原始数据表

实验序号	孔板 Δp /Pa	空气进口温度 t_1/℃	空气出口温度 t_2/℃	壁温 t_W /℃	蒸汽进口温度 T_1/℃	蒸汽出口温度 T_2/℃	空气进出口压差 /mmH$_2$O
1							
2							
3							
...							

表 17.2　计算数据表 Ⅰ

序号	定性温度 t_m /℃	传热量 Q /W	传热系数 α /[W/(m²·℃)]	Nu	Pr	$Re/(\times 10^4)$
1						
2						
3						
…						

表 17.3　计算数据表 Ⅱ

序号	$Re/(\times 10^4)$	$\ln Re$	Nu	$Nu/Pr^{0.4}$	$\ln(Nu/Pr^{0.4})$
1					
2					
3					
…					

17.6　实验报告

（1）将冷流体给热系数的实验值与理论值列表比较，并分析讨论。

（2）冷流体给热系数的准数式：$Nu/Pr^{0.4}=ARe^m$。由实验数据作图拟合曲线方程，确定式中常数 A 及 m。

（3）以 $\ln(Nu/Pr^{0.4})$ 为纵坐标，$\ln(Re)$ 为横坐标，将两种方法处理实验数据的结果标绘在图上，并与教材中的经验式 $Nu/Pr^{0.4}=0.023Re^{0.8}$ 比较。

思考题

（1）冷热流体流向对给热系数的实验值是否有影响？

（2）实验过程中的冷凝水如果不及时排走会对实验产生什么影响？

第18章
裸管与绝热管传热实验

18.1 实验目的

（1）观察和比较裸蒸汽管、固体材料保温管和空气夹层保温管的散热速率，以及影响散热速率的主要因素。

（2）通过实验加深对传热过程基本原理的理解，进而掌握机理复杂的传热过程的实验研究和数据处理方法。

18.2 实验原理

18.2.1 裸蒸汽管

当蒸汽管外壁温度 T_w 高于周围环境温度 T_a 时，管外壁将以对流和辐射两种方式向周围空间传递热量。在周围空间无强制对流的状况下，当传热过程达到稳定状态时，管外壁以对流方式给出热量的速度为：

$$Q_c = \alpha_c A_w (T_w - T_a) \tag{18.1}$$

式中 A_w——裸蒸汽管（简称裸管）外壁总传热面积，m^2；

α_c——管外壁向周围环境空间自然对流时的给热系数，$W/(m^2 \cdot K)$。

管外壁以辐射给出的热量速率为

$$Q_R = C\phi A_w \left[\left(\frac{T_w}{100}\right)^4 - \left(\frac{T_a}{100}\right)^4\right] \tag{18.2}$$

式中 C——总辐射系数；

ϕ——角系数。

仿照式(18.1)的表达形式，式(18.2)可改写为

$$Q_R = \alpha_R A_w (T_w - T_a) \tag{18.3}$$

对比式(18.2)、式(18.3)可得

$$\alpha_R = \frac{C\phi\left[\left(\frac{T_w}{100}\right)^4 - \left(\frac{T_a}{100}\right)^4\right]}{T_w - T_a} \tag{18.4}$$

式中，α_R 称为管外壁向周围无限空间辐射的给热系数，$W/(m^2 \cdot K)$。

因此，管外壁向周围空间以自然对流和辐射两种方式传递的总给热速率为

$$Q = Q_c + Q_R \tag{18.5}$$

$$Q = (\alpha_c + \alpha_R) A_w (T_w - T_a) \tag{18.6}$$

令 $\alpha = \alpha_c + \alpha_R$，则裸蒸汽管向周围无限空间散热时的总给热速率方程可简化表达为

$$Q = \alpha A_w (T_w - T_a) \tag{18.7}$$

式中，α 称为壁面向周围无限空间散热时的总给热系数，$W/(m^2 \cdot K)$。它表征在给热过程中，当推动力 $T_w - T_a = 1K$ 时，单位壁面积上给热速率的大小。α 值可根据式(18.7) 直接实验测定。由自然对流给热实验数据整理得出的各种准数关联式，文献中已有不少记载。常用的关联式为

$$Nu = c(PrGr)^n \tag{18.8}$$

该式采用 $T_m = \frac{1}{2}(T_w + T_a)$ 为定性温度，管外径 d 为定性尺寸。

努塞特数 $\qquad Nu = \dfrac{ad}{\lambda}$

普朗特数 $\qquad Pr = \dfrac{c_p \mu}{\lambda}$

格拉斯霍夫数 $\qquad Gr = \dfrac{d^3 \rho^2 \beta g (T_w - T_a)}{\mu^2}$

上述各式中 λ、ρ、μ、c_p 和 β 分别为定性温度下的空气热导率、密度、黏度、定压比热容和体积膨胀系数。

对于竖直圆管，式(18.8) 中的 c 和 n 值：

当 $PrGr = 1 \times 10^{-3} \sim 5 \times 10^2$ 时，$c = 1.18$，$n = \dfrac{1}{8}$；$PrGr = 5 \times 10^2 \sim 2 \times 10^7$ 时，$c = 0.54$，$n = \dfrac{1}{4}$；$PrGr = 2 \times 10^7 \sim 1 \times 10^{12}$ 时，$c = 135$，$n = \dfrac{1}{3}$。

18.2.2　固体材料保温管

固体绝热材料圆筒壁的内径为 d，外径为 d'，测试段长度为 L，内壁温度为 T_w，外壁温度 T'_w，则根据导热基本定律得出，在定常状态下，单位时间内通过该绝热材料层的热量，即蒸汽管加以固体材料保温后的热损失速率

$$Q = 2\pi L \lambda \frac{T_w - T'_w}{Ln\dfrac{d'}{d}} \tag{18.9}$$

式(18.9) 中 d、d' 和 L 均为实验设备的基本参数，只要实验测得 T_w、T'_w 和 Q 值，即可按上式得出固体绝热材料热导率的实验测定值，即

$$\lambda = \frac{Q}{2\pi L(T_w - T_w')} Ln\frac{d'}{d} \quad (18.10)$$

18.2.3 空气夹层保温管

在空气夹层保温管中,由于两壁面靠得很近,空气在密闭的夹层内自然对流时,冷热壁面的热边界层相互干扰,因而空气对流流动受两壁面相对位置和空间形状及其大小的影响,情况比较复杂。由此,通过空气夹层的传热速率则可按导热速率方程来表达,即

$$Q = \frac{\lambda_f}{\delta} A_w (T_w - T_w') \quad (18.11)$$

式中 λ_f——等效热导率,W/(m·K);
δ——夹层的厚度,m;
$T_w - T_w'$——空气夹层两边的壁面温度,K。

对于已知 d、d'、L 的空气夹层管,只要在定常状态下实验测得 Q、T_w 和 T_w',即可按下式计算得到空气夹层保温管的等效热导率:

$$\lambda_f = \frac{Q}{2\pi L(T_w - T_m')} Ln\frac{d'}{d} \quad (18.12)$$

真空夹层保温管也可采用上述类似的概念和方法,测得等效热导率的实验值。

18.2.4 热损失速率

不论是裸蒸汽管还是有保温层的蒸汽管,均可由实验测得的冷凝液流量求得总的热损失速率:

$$Q_t = m_s r \quad (18.13)$$

式中 m_s——冷凝液流量,kg/s;
r——蒸汽的冷凝热,J/kg。

对于裸蒸汽管,由实验冷凝液流量按式(18.13)计算得到的总热损失速率,即为裸管全部外壁面(包括测试管壁面、分液瓶和连接管的表面积之和)散热时的给热速率 Q,即 $Q = Q_t$。

对于保温蒸汽管,由实验冷凝液流量按式(18.13)计算得到的总热损失速率,应由保温测试段和裸露的连接管与分液瓶两部分组成。因此,保温测试段的实际给热速率 Q 按下式计算:

$$Q = Q_t - Q_o \quad (18.14)$$

式中,Q_o 为测试管下端裸露部分所造成的热损失速率。按下式计算:

$$Q_o = \alpha A_{wo}(T_w - T_a) \quad (18.15)$$

式中 A_{wo}——测试管下端裸露部分的外表面积,m²。

α、T_w、T_a 由裸蒸汽管实验测得。

18.3 实验装置

实验装置如图 18.1 所示。

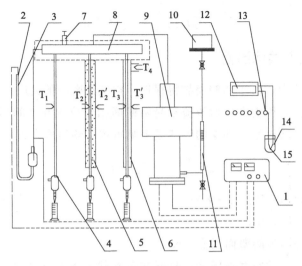

图 18.1 裸管和绝热管传热实验流程图

1—控压仪；2—控压探头；3—单管水柱压力计；4—裸管；5—固体材料保温管；
6—空气夹层保温管；7—放空阀门；8—蒸汽包；9—蒸汽发生器；10—注水槽；
11—液位计；12—数字电压表；13—转换开关；14—冷阱；15—热电偶

18.4　实验步骤

（1）实验测定前，向蒸汽发生器中注入适量软水，加入量约为发生器上部气化室总高度的70%～80%，液面切勿低于下部加热室上沿。

（2）先将单管水柱压力计上控压元件放在适当部位（一般将蒸汽压力控制在标尺的300～500mm处）；再将蒸汽包上放空阀略微开启（用以排除不凝性气体）。

（3）然后打开电源开关，将电压调至100V左右，开始加热蒸汽发生器。当蒸汽压力接近控制点时关闭蒸汽包放空阀、仔细调节电压和电流，使蒸汽压力控制恒定在400mm水柱处（一般压力波动不大于5mm水柱）。

（4）待蒸汽压和各点温度维持不变，即达到稳定状态后，再开始各项测试操作。在一定时间间隔内，用量筒量取蒸汽冷凝量，并重复3～4次取其平均值。同时分别测量室温、蒸汽压强和测试管上的各点温度等有关数据。

（5）实验结束后，将全部放空阀打开，再停止加热。

注意：（1）实验过程中，尽量避免测试管四周空气的扰动，保持实验状态的稳定性。

（2）实验过程中，随时监视蒸汽发生器的液位计，以防液位过低而烧毁加热器。

（3）实验过程中注意安全，以防蒸汽烫伤。

18.5　数据处理

实验设备基本参数如下。

（1）设备参数

① 裸管：
外径：$d=\phi 12\text{mm}\times 1.5\text{mm}$
测试段长度：$L=800\text{mm}$
连接管和分液器外表面积：$A_{wo}=0.0098\text{m}^2$
② 固体材料保温管：
保温材料堆积密度：$\rho_b=54\sim 252\text{kg/m}^3$
保温层内径：$d=12\text{mm}$
保温层外径：$d'=40\text{mm}$
保温层长度：$L=800\text{mm}$
裸管部分外表面积：$A_{wo}=0.0098\text{m}^2$
③ 空气夹层保温管：
内管外径：$d=12\text{mm}$
外管外径：$d'=33.5\text{mm}$
保温层长度：$L=800\text{mm}$
裸露部分外表面积：$A_{wo}=0.0098\text{m}^2$

(2) 内管基本参数
蒸汽压力计读数：$R=400\text{mmH}_2\text{O}$
蒸汽压强：$p=3922.66\text{Pa}$
蒸汽温度：$T=101℃$

测量并记录裸管、固体材料保温管和空气夹层保温管的实验数据，填写到表18.1。计算：保温管的保温材料热导率λ；裸管的空气自然对流给热系数α_T。

表18.1 实验记录数据表

裸管		保温管	固体材料	空气夹层
加热电压/V		加热电压/V		
加热电流/A		加热电流/A		
冷凝水量/mL		冷凝水量/mL		
时间/s		时间/s		
汽包温度/℃		汽包温度/℃		
裸管平均热电势/mV		壁面平均热电势/mV		
裸管外壁面温度/℃		内管外壁面温度/℃		
空气平均热电势/mV		保温管外平均热电势/mV		
空气温度/℃		保温管外壁面温度/℃		
水蒸气的密度		水蒸气的密度		
水蒸气的冷凝潜热		水蒸气的冷凝潜热		
蒸汽冷凝流量/(m³/h)		蒸汽冷凝流量/(m³/h)		
蒸汽冷凝流量/(kg/h)		蒸汽冷凝流量/(kg/h)		
传热量/W		传热量/W		
传热面积/m²		传热面积/m²		
空气自然对流传热系数/[W/(m²·℃)]		热导率/[W/(m·℃)]		

18.6 实验报告

(1) 计算两种保温管的保温材料热导率λ（有数据列表和计算过程）。

(2) 计算裸管的空气自然对流传热系数 α_T（有数据列表和计算过程）。

(3) 计算热损失速率 Q_t 和 Q（有计算过程）。

附：计算过程举例

(1) λ 的计算：

保温层内径12mm，保温层外径40mm，测试段长度为0.8m

冷凝水量=10.5mL，所用时间488s

内管外壁面平均热电势 $E_w=3.24\text{mV}$，内管外壁面温度 $T_w=77.47℃$

保温管外平均热电势 $E_w=2.13\text{mV}$　保温管外壁面温度 $T'_w=51.36℃$

汽包温度 $T_{汽包}=101℃$

并查得水的密度 $\rho=-0.0023T^2_{汽包}-0.2655T_{汽包}+1007.4=957.12(\text{kg/m}^3)$

水蒸气的冷凝潜热 $\gamma=-2.52T_{汽包}+2509.7=2255.18(\text{kJ/kg})$

$$W_{汽}=\frac{10.5\times10^{-6}}{488}\times3600\times957.12=0.07414(\text{kg/h})$$

$$Q=W_{汽}\gamma=(0.07414/3600)\times2255.18=0.04644(\text{kW})=46.44(\text{W})$$

$$A_m=\frac{2\pi(r_2-r_1)L}{\ln\frac{r_2}{r_1}}=\frac{2\pi\times0.014\times0.8}{\ln\frac{0.020}{0.006}}=0.05842(\text{m}^2)$$

$$\lambda=\frac{Q(r_2-r_1)}{A_m(T_w-T'_w)}=\frac{46.44\times0.014}{0.05842\times(77.47-51.36)}=0.4262[\text{W}/(\text{m}\cdot℃)]$$

(2) α_T 的计算：

裸管外径 $d_0=12\text{mm}$，冷凝水量=5.60mL，所用时间300s，测试段长度为0.8m

裸管外壁面平均热电势 $E_w=3.94\text{mV}$，壁面温度 $t_w=93.93℃$

空气温度 $t_e=24.4℃$

汽包温度 $T_{汽包}=101℃$

并查得水的密度 $\rho=-0.0023T^2_{汽包}-0.2655T_{汽包}+1007.4=957.12(\text{kg/m}^3)$

水蒸气的冷凝潜热 $\gamma=-2.52T_{汽包}+2509.7=2255.18(\text{kJ/kg})$

$$W_{汽}=\frac{5.60\times10^{-6}}{300.0}\times3600\times957.12=0.0643(\text{kg/h})$$

$$Q=W_{汽}\times\gamma=(0.0643/3600)\times2255.18=0.04028(\text{kW})=40.28(\text{W})$$

$$A=\pi\times d_0\times L=\pi\times0.012\times0.8=0.03016(\text{m}^2)$$

$$\alpha_T=\frac{Q}{A(t_w-t_e)}=\frac{40.28}{0.03016\times(93.93-24.4)}=19.21[\text{W}/(\text{m}^2\cdot℃)]$$

思考题

(1) 比较裸管、固体材料保温管和空气夹层保温管的传热速率，并说明原因。

(2) 比较裸管、固体材料保温管和空气夹层保温管的热损失速率，并说明原因。

第 19 章
蒸发实验

19.1 实验目的

（1）了解蒸发实验流程和设备结构。

（2）观察单管升膜蒸发阶段泡状流、塞状流（弹状流）、翻腾流（搅拌流）、环形流的流动现象并分析其形成机理。

（3）通过测量主体出口温度、蒸汽入口温度、蒸汽出口温度、壁温、水量、电压、电流、蒸汽出口冷凝量等参数，计算各流动状况的传热系数及蒸汽干度数值。

19.2 实验原理

对于升膜式蒸发，流体由下向上流动，在升膜观测段形成各种升膜蒸发阶段。在预热罐内，流体被加热升温到接近沸腾，再经加热段汽化，随着管内气泡逐渐增多，最终液体被上升的蒸汽拉成环状薄膜，沿壁向上运动，气液混合物由管口高速冲出。被浓缩的液体经降膜液体分布器进入降膜段，蒸汽向上进入冷凝器，而进入降膜段管内的液体，由于降膜液体分布器的作用，形成一顺内管壁的液膜，因重力作用向下流动，在液膜流动过程中，管壁外施以加热，使液膜内部分水分汽化，蒸汽向上从分布器的中心管排出进入冷凝器，而下降的液膜中的水分在减少，液体被浓缩。

在升膜观测测量加热管内出现气液同时流动的情况，在不同的设备条件（管径）、操作条件（加热量及管内液体流量）和物性（气液相黏度、密度和表面张力）下，管内呈现不同的流动形式。蒸发器实质上也是一种换热器，壳侧为蒸汽冷凝（或其他形式的热量传递），管侧为液体沸腾的传热过程。管侧液体沸腾多为管内液体沸腾给热，其基本计算公式为：

$$Q = W\gamma \tag{19.1}$$

$$\alpha = \frac{Q}{A \Delta t_m} \tag{19.2}$$

式中 Q——蒸发器的热流率，kJ/s；

W——蒸发水量，kg/s；

γ——汽化热，kJ/kg；

α——管内蒸发传热系数，W/(m²·℃)；

A——蒸发器的传热面积，m²；

Δt_m——平均传热温差，℃。

若管内流体的主体温度为 t_b，管壁温度为 t_w，则有：

$$\Delta t_m = t_b - t_w \tag{19.3}$$

在垂直管内，汽液两相形成的流型一般可分为泡状流、塞状流（弹状流）、翻腾流（搅拌流）、环状流。

（1）泡状流。气体以不同尺寸的小气泡比较均匀地分散在向上流动的液体中，随流动逐渐加热，气泡尺寸和个数逐渐增加。此时管内由于气泡的存在而提高了其湍动，α 会比升温过程有所增大。

（2）塞状流（弹状流）。随加热量增大，大部分气体形成弹头形大气泡，其直径几乎与管径相当，少量气体分散成小气泡，处于大气泡之间的液体中。此时管内由于气泡增大而提高了其湍动程度，α 会比泡状流过程有所增大。

（3）翻腾流（搅拌流）。随加热量增大，与塞状流有某种相似，但运动更为激烈，弹头形气泡变得狭长并发生扭曲，大气泡间的液体被冲开又合拢，形成振动。此时管内由于湍动更加剧烈，α 会比塞状流过程有所增大。

（4）环形流。加热量继续增大，液体沿管壁成环状流动，气体被包围在轴心部分，气相中液滴增多。此时管内由于湍动剧烈且内壁始终被液膜覆盖，α 会比翻腾流过程有所增大。

图 19.1 为垂直管内两相流型示意图。

影响气液两相流型的主要因素有流体物性（黏度、表面张力、密度等），流道的集合形状、放置方式（水平、垂直或倾斜）、尺寸、流向以及气液相的流速等。对于垂直气液两相向上流动的升膜蒸发器，当流道直径及实验物料固定后，由于实验物料的物理性质确定，此时各种流型的转变主要取决于气液流量，关键参数是气速。环状流出现一般气速不小于 10m/s，此时料液贴在管道内壁，被上升的气体拉拽成薄膜状向上流动形成环形流，环状液膜上升时必须克服其重力以及与壁面的摩擦力。

泡状流　弹状流　搅拌流　环形流

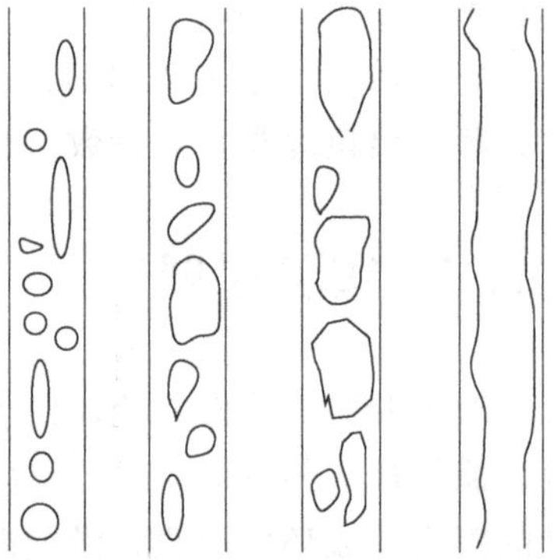

图 19.1　垂直管内两相流型示意图

本实验在单管升膜蒸发器中以水为物料，通过改变蒸汽冷凝量、真空度等方法来观察产生的不同流型，并计算出相应流型的传热系数、干度，并对结果进行多方面分析以寻找相关的变化规律。

19.3　实验装置

蒸发器传热管参数见表 19.1。

表 19.1 蒸发器传热管参数

项目及参数	材料
内管内径 d_i：14mm	不锈钢
内管外径 d_0：17mm	
有效管长 L_e：1400mm	紫铜
外管直径：57mm	不锈钢
保温层外径 D_0：120mm	不锈钢
加热电压：小于200V	
液体接收瓶直径：140mm	玻璃
气体冷凝液接收瓶直径：50mm	玻璃

注：离心水泵 WB 120/150；转子流量计 LZB-10（1.6~16L/h）；温度计 AI501（0~150℃），AI701（0~150℃）。

实验装置主体为单管升膜蒸发器，如图19.2所示，蒸发器管外自上向下通入蒸汽，蒸汽是由蒸汽发生器内电热器加热蒸馏水而产生。进料水泵将物料从水箱通过转子流量计注入蒸发器中，升膜蒸发器管内的液体被加热后蒸发产生蒸汽形成气液两相流；气液两相在气液分离器中分离，气体经冷凝器冷凝沿下端管滴入蒸汽冷凝接收器内进行计量，根据一定时间内收集的蒸汽冷凝液量计算出冷凝量及干度。液体经冷却器冷却沿下管进入液体接收器中进行计量。通过测量液体的体积和蒸汽冷凝后的体积可以计算出干度。

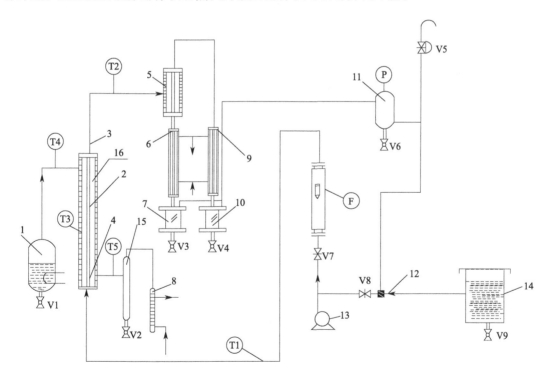

图 19.2　单管升膜蒸发实验装置流程示意图

1—预热釜；2—测量段；3—观测段；4—测量段；5—加热段；6—液体冷却器；7—液体接收瓶；
8—蒸汽接收瓶；9—蒸汽冷凝器；10—蒸汽接收瓶；11—真空缓冲罐；12—喷射泵；13—水泵；14—水箱；
15—气液分离器；16—上升段；F—转子流量计；P—压力表；T1~T5—温度计；V1~V9—阀门

实验装置设备面板图见图 19.3。

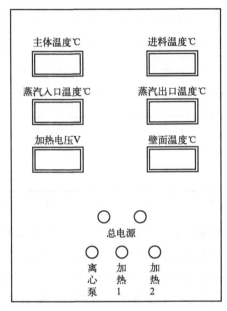

图 19.3 设备面板图

19.4 实验步骤

实验前准备工作为：

(1) 关闭水箱底阀，箱内充满待测液体，泵出口回流阀处于全开状态，转子流量计下的流量调节阀门全部关闭。

(2) 将蒸汽发生器内注入四分之三的蒸馏水。

实验步骤：

(1) 合上电源开关，打开冷却水，启动泵，开启转子流量计调节阀，调节流量为所设定的流量值。待蒸发管内充满待测液体后，关闭进料阀。

(2) 把蒸汽发生器通电加热（100V 左右电压），注意观察蒸汽的产生过程。当有蒸汽产生后，通过玻璃段观察管内流体的流型并将液体流量调整到 8L/h。

(3) 稳定操作 30min 以上，开始记录观察到的流型、进料流量、内壁、主体及蒸汽进出口温度、加热电压、电流及真空度等。

(4) 记录蒸汽冷凝量为 300mL 时所用的时间。

(5) 记录从冷凝器下端出口测取的蒸汽冷凝液量和冷却器下端出口液体冷却液的量。

(6) 启动真空泵，调节真空度为 0.01MPa，观察实验现象，适当提高加热电压使蒸汽出口温度维持在 100℃ 左右。稳定后测取实验数据。

(7) 再次改变真空度，待操作稳定后重复上述操作。

(8) 实验结束，先切断加热电路，关闭流量计调节阀，停泵，最后切断电源。

注意：(1) 蒸汽发生器是通过电加热器产生蒸汽的，操作时要注意安全。

(2) 实验过程中稳定时间应不小于 30min，操作全部稳定后再读取数据。

(3) 实验过程要密切观察流型变化及壁温变化，严防干壁现象；干壁一旦出现壁温读数会急剧增加，此时应立即减少甚至完全切断加热电路电源，否则会损坏设备。

(4) 调节真空度时一定要缓慢调节，否则会出现异常现象。

(5) 在全部实验过程中泵回流阀不许关闭。

(6) 固态调压器所显示的电压、电流值不是实际有效功率，不能作为计算依据。

19.5 数据处理

实验装置号_____室温_____（℃）大气压_____（mmHg，1mmHg＝133.32Pa）进料量_____（L/h）

蒸发管长度 L _____（m）蒸发管径_____（mm）玻璃套管径_____（mm）

工作电压_____（V）

本次实验所用的主要计算公式如下。

(1) 质量衡算：
$$Fx_0=(F-W)x_1$$

式中 F——原料液流量，L/h；

x_0——初始液质量分数，%；

W——蒸发量，L/h；

x_1——完成液质量分数，%。

(2) 热量衡算：
$$Q=\alpha\times S\times(t_w-t_b)$$
$$\alpha=\frac{Q}{S\times(t_w-t_b)}$$
$$S=\pi\times d\times L_e$$
$$X=\frac{W_g}{W_g+W_l}$$

式中 α——对流传热系数，W/(m²·℃)；

Q——传热量，W；

t_w——内壁温度，℃；

t_b——主流温度，℃；

S——传热面积，m²；

d——测量管内径，m；

L_e——有效管长，m；

X——干度，无因次；

W_g——蒸发器内流出蒸汽量，mm；

W_l——蒸发器内流出液体量，mm。

附：计算数据举例。

实验数据见表19.2及表19.3，以第2组为例进行计算。

主体温度 t_b＝96.0℃　壁面温度 t_w＝100.3℃　蒸汽进出口平均温度 100.2℃

蒸汽出口冷凝量 300mL，冷凝时间 11.55min＝11.55×60s＝693s

蒸发气体冷凝量（以水柱高度计）W_g＝3mm　液体冷凝量 W_l＝101mm

传热量： $$Q = \frac{300 \times 10^{-6}}{693 \times 1000} \times 419 = 0.181 (\text{kJ/s})$$

换热面积： $$S = \pi \times d \times L = \pi \times 0.014 \times 1.4 = 0.0616 (\text{m}^2)$$

$$\alpha = \frac{Q}{S \times (t_w - t_b)} = \frac{0.181}{0.0616 \times (100.3 - 96.0)} = 0.683 [\text{kW/(m}^2 \cdot \text{℃})]$$

$$X = \frac{W_g}{W_g + W_l} = \frac{3}{3 + 101} = 0.0288$$

表 19.2　原始数据记录表

序号	主体出口温度/℃	蒸汽入口温度/℃	蒸汽出口温度/℃	壁温/℃	水量/(L/h)	电压/V	电流/A	真空/MPa	蒸汽出口冷凝量/mL
1	93.1	100.1	100.4	100	8	90	12	0	300
2	96.0	100.3	100.2	100	8	90	12	0.01	300
3	96.8	100.3	100.2	100	8	115	14.5	0.02	300
4	91.9	100.4	100.3	100	8	150	17.5	0.03	300

表 19.3　数据处理结果

序号	回水量/mm	冷凝量/mm	现象	时间/min	蒸发量/(kg/s)	传热量/(kJ/s)	换热面积/m²	传热系数/[kW/(m²·s)]	干度
1	104	0	泡状流	12.02	0.000416	0.1743	0.0615	0.410	0
2	101	3	弹状流	11.55	0.0004329	0.1814	0.0615	0.737	0.0288
3	53	7	搅拌流	7.13	0.0007013	0.2938	0.0615	1.492	0.116
4	24	15	搅拌流	3.43	0.0014577	0.6108	0.0615	1.225	0.384

根据以上数据得到流型与干度关系图及流型与传热系数关系图，如图 19.4 及图 19.5 所示。

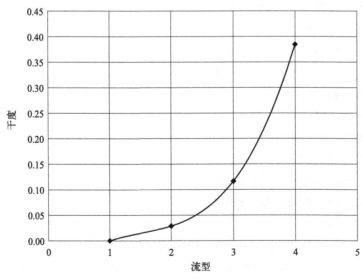

图 19.4　流型与干度关系图

横坐标：1—泡状流；2—弹状流；3，4—搅拌流

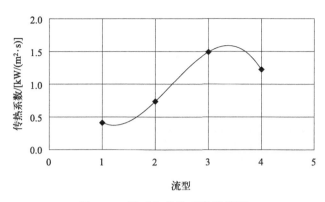

图 19.5 流型与传热系数关系图
1—泡状流；2—弹状流；3,4—搅拌流

19.6 实验报告

（1）判断实验条件下各点的流型。

（2）计算实验条件下各点的传热系数，把实验测定的原始数据及计算所得到的数据列于一表并有计算举例。

思考题

（1）测量壁温时，引起误差的主要原因有哪些？

（2）影响成膜的因素有哪些？食盐水和纯净水相比何者较易成膜？

（3）何谓两相流的流型？研究流型的意义是什么？影响流型的因素有哪些？

（4）观察各升膜蒸发阶段不同流动状况（泡状流、塞状流、翻腾流、环形流）的现象，并分析其形成机理。

第 20 章
筛板塔精馏过程实验

20.1 实验目的

(1) 了解精馏装置基本流程,掌握筛板精馏塔及其附属设备的基本结构、特性、操作和调节。

(2) 掌握图解法求理论塔板数的方法。

(3) 掌握精馏塔塔板效率的实验测定方法,确定适宜的回流比并研究其对精馏塔分离效率的影响。

20.2 实验原理

20.2.1 总板效率 E_T

总板效率即达到指定分离效果所需理论板层数与实际板层数的比值,即:

$$E_T = \frac{N_T - 1}{N_P} \times 100\% \tag{20.1}$$

式中 N_T——理论塔板数,包括蒸馏釜;

N_P——实际板层数。

总板效率反映了实际塔板的气、液两相传质的完善程度,其值恒小于 100%。说明了物系性质、塔板结构以及操作条件三方面对塔分离能力的影响。

20.2.2 图解法求理论塔板数 N_T

图解法又称麦凯布-蒂勒(McCabe-Thiele)法,简称 M-T 法。图解法以逐板计算法的基本原理为基础,在 y-x 图上,利用平衡曲线和操作线代替平衡方程和操作线方程,用简便的画阶梯方法求解理论板层数。精馏段的操作线方程为:

$$y_{n+1}=\frac{R}{R+1}x_n+\frac{x_D}{R+1} \tag{20.2}$$

式中 y_{n+1}——精馏段中第 $n+1$ 层塔板上升气相中易挥发组分的摩尔分数；

x_n——精馏段中第 n 层塔板下降液相中易挥发组分的摩尔分数；

x_D——馏出液中易挥发组分的摩尔分数；

R——回流比。

提馏段的操作线方程为：

$$y'_{m+1}=\frac{L'}{L'-W}x_m-\frac{Wx_W}{L'-W} \tag{20.3}$$

式中 y'_{m+1}——提馏段中第 $m+1$ 层塔板上升气相中易挥发组分的摩尔分数；

x_m——提馏段中第 m 层塔板下降液相中易挥发组分的摩尔分数；

x_W——釜残液中易挥发组分的摩尔分数；

L'——提馏段每层塔板下降的液体摩尔流量，kmol/s；

W——釜残液流量，kmol/s 或 kmol/h。

加料线（q 线）方程可表示为：

$$y=\frac{q}{q-1}x-\frac{x_F}{q-1} \tag{20.4}$$

其中，

$$q=1+\frac{c_{pF}(t_S-t_F)}{r_F} \tag{20.5}$$

式中 q——进料热状况参数；

r_F——进料液组成下的汽化热，kJ/kmol；

t_S——进料液的泡点温度，℃；

t_F——进料液温度，℃；

c_{pF}——进料液在平均温度 $(t_S-t_F)/2$ 下的比热容，kJ/(kmol·℃)；

x_F——进料液组成，摩尔分数。

回流比 R 的确定：

$$R=\frac{L}{D} \tag{20.6}$$

式中 L——回流液量，kmol/s；

D——馏出液量，kmol/s。

式(20.6) 只适用于泡点下回流时的情况，而实际操作时为了保证上升气流能完全冷凝，冷却水量一般都比较大，回流液温度往往低于泡点温度，即冷液回流。

如图 20.1 所示，从全凝器出来的温度为 t_R、流量为 L 的液体回流进入塔顶第一块板，由于回流温度低于第一块塔板上的液相温度，离开第一块塔板的一部分上升蒸汽将被冷凝成液体，这样，塔内的实际流量将大于塔外回流量。

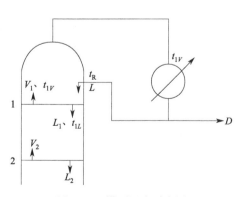

图 20.1 塔顶回流示意图

对第一块板作物料、热量衡算：

$$V_1 + L_1 = V_2 + L \tag{20.7}$$

$$V_1 I_{V1} + L_1 I_{L1} = V_2 I_{V2} + L I_L \tag{20.8}$$

对式(20.7)、式(20.8)整理、简化后，近似可得：

$$L_1 \approx L\left[1 + \frac{c_p(t_{1L} - t_R)}{r}\right] \tag{20.9}$$

即实际回流比：

$$R_1 = \frac{L_1}{D} \tag{20.10}$$

$$R_1 = \frac{L\left[1 + \dfrac{c_p(t_{1L} - t_R)}{r}\right]}{D} \tag{20.11}$$

式中　　V_1、V_2——离开第1、2块板的气相摩尔流量，kmol/s；

L_1——塔内实际液流量，kmol/s；

I_{V1}、I_{V2}、I_{L1}、I_L——指对应 V_1、V_2、L_1、L 下的焓值，kJ/kmol；

r——回流液组成下的汽化热，kJ/kmol；

c_p——回流液在 t_{1L} 与 t_R 平均温度下的平均比热容，kJ/(kmol·℃)。

(1) 全回流操作。在精馏全回流操作时，操作线在 y-x 图上为对角线，如图20.2所示，根据塔顶、塔釜的组成在操作线和平衡线间作梯级，即可得到理论塔板数。

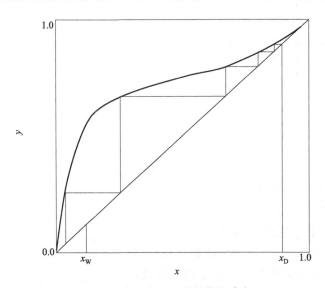

图 20.2　全回流时理论板数的确定

(2) 部分回流操作。部分回流操作时的理论板数的确定见图20.3。图解法的主要步骤为：

① 根据物系和操作压力在 y-x 图上作出相平衡曲线，并画出对角线作为辅助线；

② 在 x 轴上定出 $x = x_D$、x_F、x_W 三点，依次通过这三点作垂线分别交对角线于点 a、f、b；

③ 在 y 轴上定出 $y_c = x_D/(R+1)$ 的点 c，连接 a、c 作出精馏段操作线；

④ 由进料热状况求出 q 线的斜率 $q/(q-1)$，过点 f 作出 q 线交精馏段操作线于点 d；

⑤ 连接点 d、b 作出提馏段操作线；

⑥ 从点 a 开始在平衡线和精馏段操作线之间画阶梯，当梯级跨过点 d 时，就改在平衡线和提馏段操作线之间画阶梯，直至梯级跨过点 b 为止；

⑦ 所画的总阶梯数就是全塔所需的理论塔板数（包含再沸器），跨过点 d 的那块板就是加料板，其上的阶梯数为精馏段的理论塔板数。

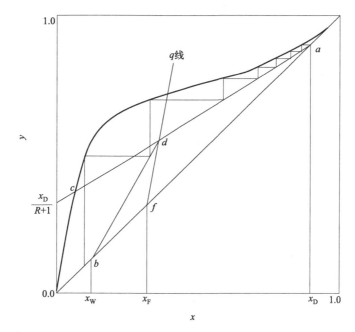

图 20.3　部分回流时理论板数的确定

20.3　实验装置

本实验装置的主体设备是筛板精馏塔，配套的有加料系统、回流系统、产品出料管路、残液出料管路、进料泵和一些测量、控制仪表。

筛板塔主要结构参数：塔内径 $D=68$mm，厚度 $\delta=2$mm，塔节 $\Phi 76$mm×4mm，塔板数 $N=10$ 块，板间距 $H_T=100$mm。加料位置由下向上起数第 4 块和第 6 块。降液管采用 8mm 不锈钢管。降液管底隙 4.5mm。筛孔直径 $d_0=1.5$mm，正三角形排列，孔间距 $t=5$mm，开孔数为 74 个。塔釜为内电加热式，加热功率 2.5kW，有效容积为 10L。塔顶冷凝器、塔釜换热器均为盘管式。单板取样为自下而上第 1 块和第 10 块，斜向上为液相取样口，水平管为气相取样口。

本实验料液为乙醇水溶液，釜内液体由电加热器产生蒸气逐板上升，经与各板上的液体传质后，进入盘管式换热器壳程，冷凝成液体后再从集液器流出，一部分作为回流液从塔顶流入塔内，另一部分作为产品馏出，进入产品罐；残液经釜液转子流量计流入残液罐。精馏过程如图 20.4 所示。

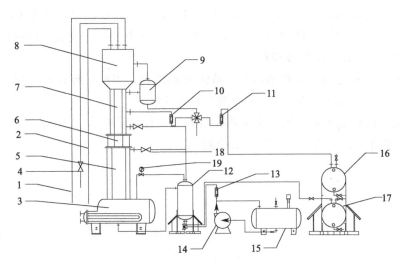

图 20.4 筛板塔精馏过程实验装置图

1—冷凝水进口；2—冷凝水出口；3—塔釜；4—塔顶放空阀；5—塔节；6—冷凝水流量计；7—玻璃视镜；
8—塔顶冷凝器；9—全回流流量计；10—部分回流流量计；11—塔顶出料取样口；12—进料阀；13—换热器；
14—残液流量计；15—产品罐；16—残液罐；17—原料罐；18—进料泵；19—计量泵

20.4 实验步骤

20.4.1 全回流

（1）配制浓度 10%～20%（体积百分比）的料液加入贮罐中，打开进料管路上的阀门，由进料泵将料液打入塔釜，观察塔釜液位计高度，进料至釜容积的 2/3 处。进料时可以打开进料旁路的闸阀，加快进料速度。

（2）进料结束后，关闭塔身进料管路上的阀门，启动电加热管电源，逐步增加加热电压，使塔釜温度缓慢上升（因塔中部玻璃部分较为脆弱，若加热过快玻璃极易碎裂，使整个精馏塔报废，故升温过程应尽可能缓慢）。

（3）打开塔顶冷凝器的冷却水，调节合适冷凝量，并关闭塔顶出料管路，使整塔处于全回流状态。

（4）当塔顶温度、回流量和塔釜温度稳定后，分别取塔顶浓度 x_D 和塔釜浓度 x_W 样品分析。

20.4.2 部分回流

（1）在储料罐中配制一定浓度的乙醇水溶液（10%～20%）。

（2）待塔全回流操作稳定时，打开进料阀，调节进料量至适当的流量。

（3）控制塔顶回流和出料两转子流量计，调节回流比 R（R 为 1～4）。

（4）打开塔釜残液流量计，调节至适当流量。

（5）当塔顶、塔内温度读数以及流量都稳定后即可取样分析。

注意：（1）塔顶放空阀一定要打开，否则容易因塔内压力过大导致危险。

（2）料液一定要加到设定液位 2/3 处方可打开加热管电源，否则塔釜液位过低会使电加热丝露出干烧致坏。

（3）如果实验中塔板温度有明显偏差，是由于所测定的温度不是气相温度，而是气液混合的温度。

20.5 数据处理

实验数据记录于表 20.1。

表 20.1 全回流及部分回流原始数据记录表

物理量	次数	全回流				部分回流			
		塔釜	塔顶	进料液	塔节	塔釜	塔顶	进料液	塔节
温度 t /℃	1								
	2								
	3								
	平均值								
折射率 n	1								
	2								
	3								
	平均值								
摩尔分数 x									

附：实验数据处理举例（数据仅供参考）。

全回流与部分回流的原始数据列于表 20.2。

表 20.2 全回流及部分回流原始数据记录表

物理量	全回流				部分回流			
	塔釜	塔顶	进料液	塔节	塔釜	塔顶	进料液	塔节
温度 t/℃	83.2	69.2	23.2	83.2	90.4	69.8	36.4	85.0
折射率 n	1.3322	1.3575			1.3320	1.3586	1.3481	
摩尔分数 x	0.00980	0.82527			0.00980	0.68094	0.12639	
电流/A	5				5			
回流比					4:1			

常压 86.67kPa，室温 25.5℃。

$t_s = 90.4℃, t_F = 36.4℃, x_{乙醇} = 0.12639 \approx 0.1$

则 $\frac{1}{2}(t_s + t_F) = \frac{1}{2} \times (90.4 + 36.4) = 63.4 \approx 60℃$

$x_水 = 1 - 0.1 = 0.9$

因此，由表查得 60℃时的比热容

$c_{乙醇} = 127.1 \text{J/(mol·K)}$

$$c_{水} = \frac{4.183}{\frac{1}{18}} \text{kJ/(kmol·K)}$$

$$c_{pF} = \frac{4.183}{\frac{1}{18}} \times 0.9 + 127.1 \times 0.1 = 80.47 [\text{kJ/(kmol·K)}]$$

且查得 26℃时汽化热

$\gamma_{H_2O} = 43635 \text{J/mol}$

$\gamma_{乙醇} = 43.91 - \dfrac{43.91 - 42.30}{40 - 20} \times (26 - 20) = 43.43 (\text{kJ/mol})$

$\gamma_F = 43.635 \times 0.9 + 43.43 \times 0.1 = 43.6 \times 10^3 (\text{kJ/kmol})$

$q = 1 + \dfrac{c_{pF}(t_s - t_F)}{\gamma_F} = 1 + 80.47 \times \dfrac{90.4 - 36.4}{43.6 \times 10^3} = 1.100$

$y_{精馏} = \dfrac{R}{R+1}x_n + \dfrac{x_R}{R+1} = \dfrac{4}{4+1}x + \dfrac{0.68094}{4+1} = 0.8x + 0.136 (0 < x < 0.680)$

$y_{进料} = \dfrac{q}{q-1}x - \dfrac{x_F}{q-1} = \dfrac{1.100}{1.100-1}x - \dfrac{0.12639}{1.100-1} = 11x - 1.264 (0.126 < x < 0.680)$

全回流时的全塔效率

$$E_T = \dfrac{N_T - 1}{N_P} \times 100\% = \dfrac{8-1}{10} \times 100\% = 70\%$$

部分回流时的全塔效率

$$E_T = \dfrac{N_T - 1}{N_P} = \dfrac{5-1}{10} \times 100\% = 40\%$$

20.6 实验报告

(1) 将塔顶、塔釜温度和组成，以及各流量计读数等原始数据列表记录。
(2) 按全回流和部分回流分别用图解法计算理论板数。
(3) 计算全回流和部分回流时的全塔效率。
(4) 分析并讨论实验过程中观察到的现象。

思考题

(1) 测定全回流和部分回流总板效率时各需测几个参数？取样位置在何处？
(2) 全回流时测得板式塔上第 n、$n-1$ 层液相组成后，如何求得气相组成 X_n^*，部分回流时，又如何求 X_n^*？
(3) 影响板式塔效率和精馏操作稳定性的因素分别有哪些？如何判断精馏塔内的气液相已达到稳定？
(4) 进料量对塔板层数有无影响？为什么？

第21章
干燥特性曲线测定实验

21.1 实验目的

(1) 了解洞道式干燥装置的基本结构、工艺流程和操作方法。
(2) 学习测定物料在恒定干燥条件下干燥特性的实验方法。
(3) 掌握根据实验干燥曲线求取干燥速率曲线的方法。
(4) 学习恒速阶段干燥速率、临界含水量、平衡含水量的实验分析方法。
(5) 学习恒速干燥阶段物料与空气之间对流传热系数的测定方法。

21.2 实验原理

干燥泛指从湿物料中除去水分或其他湿分的各种操作，干燥的目的是使物料便于储存、运输和使用，或满足进一步加工的需要。在一定温度下，任何含水的湿物料都有一定的蒸气压，当蒸气压大于周围气体中的水汽分压时，水分将汽化。汽化所需热量或来自周围热气体，或由其他热源通过辐射、热传导提供。含水物料的蒸气压与水分在物料中存在的方式有关。物料所含的水分通常分为非结合水和结合水，非结合水是附着在固体表面和孔隙中的水分，它的蒸气压与纯水相同；结合水则与固体间存在某种物理的或化学的作用力，汽化时不但要克服水分子间的作用力，还需克服水分子与固体间结合的作用力，其蒸气压低于纯水，且与水分含量有关。

本实验的干燥过程属于对流干燥，使水分（或其他溶剂）从湿物料中汽化，以除去固体物料中的湿分。将湿物料置于肯定的干燥条件下（即干燥介质、空气的温度、湿度、速度以及与物料接触的方式均维持恒定）进行干燥试验。

21.2.1 干燥速率的定义

干燥速率的定义为单位干燥面积（提供湿分汽化的面积）、单位时间内所除去的湿分质量。即

$$U = \frac{dW}{A d\tau} = -\frac{G_c dX}{A d\tau} \tag{21.1}$$

式中　U——干燥速率，又称干燥通量，kg/(m² · s)；
　　　A——干燥表面积，m²；
　　　W——汽化的湿分量，kg；
　　　τ——干燥时间，s；
　　　G_c——绝干物料的质量，kg；
　　　X——物料湿含量，负号表示 X 随干燥时间的增加而减少，kg(湿分)/kg(干物料)。

21.2.2　干燥速率的测定方法

将湿物料试样置于恒定空气流中进行干燥实验，随着干燥时间的延长，水分不断汽化，湿物料质量减少。若记录物料不同时间下质量 G，直到物料质量不变为止，也就是物料在该条件下达到干燥极限为止，此时留在物料中的水分就是平衡水分 X^*。再将物料烘干后称重得到绝干物料质量 G_c，则物料中瞬间含水率 X 为

$$X = \frac{G - G_c}{G_c} \tag{21.2}$$

计算出每一时刻的瞬间含水率 X，然后将 X 对干燥时间 τ 作图，如图 21.1，即为干燥曲线。

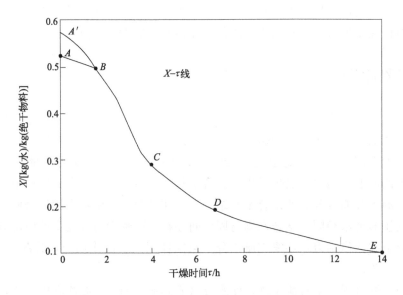

图 21.1　恒定干燥条件下的干燥曲线

由图 21.1 的干燥曲线经过变换可以得到干燥速率曲线。由已测得的干燥曲线求出不同 X 下的斜率 $\frac{dX}{d\tau}$，再由式(21.1)计算得到干燥速率 U，将 U 对 X 作图，就是干燥速率曲线，如图 21.2 所示。

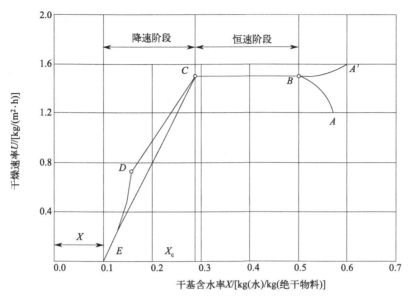

图 21.2 恒定干燥条件下的干燥速率曲线

21.2.3 干燥过程分析

干燥过程可大致分为三个阶段。

(1) 预热段。见图 21.1、图 21.2 中的 AB 段或 $A'B$ 段。物料在预热段中,含水率略有下降,温度则升至湿球温度 t_W,干燥速率可能呈上升趋势变化,也可能呈下降趋势变化。预热段经历的时间很短,通常在干燥计算中忽略不计,有些干燥过程甚至没有预热段。本实验中也没有预热段。

(2) 恒速干燥阶段。见图 21.1、图 21.2 中的 BC 段。该段物料水分不断汽化,含水率不断下降。但由于这一阶段去除的是物料表面附着的非结合水分,水分去除的机理与纯水的相同,故在恒定干燥条件下,物料表面始终保持为湿球温度 t_W,传质推动力保持不变,因而干燥速率也不变。于是在图 21.2 中,BC 段为水平线。

只要物料表面保持足够湿润,物料的干燥过程中总有恒速阶段。而该段的干燥速率大小取决于物料表面水分的汽化速率,亦即决定于物料外部的空气干燥条件,故该阶段又称为表面汽化控制阶段。

(3) 降速干燥阶段。随着干燥过程的进行,物料内部水分移动到表面的速度赶不上表面水分的汽化速率,物料表面局部出现"干区",尽管这时物料其余表面的平衡蒸气压仍与纯水的饱和蒸气压相同、传质推动力也仍为湿度差,但以物料全部外表面计算的干燥速率因"干区"的出现而降低,此时物料中的含水率称为临界含水率,用 X_c 表示,对应图 21.2 中的 C 点,称为临界点。过 C 点以后,干燥速率逐渐降低至 D 点,C 至 D 阶段称为降速第一阶段。

干燥到点 D 时,物料全部表面都成为干区,汽化面逐渐向物料内部移动,汽化所需的热量必须通过已被干燥的固体层才能传递到汽化面;从物料中汽化的水分也必须通过这层干燥层才能传递到空气主流中。干燥速率因热、质传递的途径加长而下降。此外,在点 D 以后，物料中的非结合水分已被除尽。接下去所汽化的是各种形式的结合水，因而，平衡蒸气压将逐渐下降，传质推动力减小，干燥速率也随之较快降低，直至到达点 E 时，速率降为零。这一阶段称为降速第二阶段。

降速阶段干燥速率曲线的形状随物料内部的结构而异，不一定都呈现前面所述的曲线 CDE 形状。对于某些多孔性物料，可能降速两个阶段的界限不是很明显，曲线好像只有 CD 段；对于某些无孔性吸水物料，汽化只在表面进行，干燥速率取决于固体内部水分的扩散速率，故降速阶段只有类似 DE 段的曲线。

与恒速阶段相比，降速阶段从物料中除去的水分量相对少许多，但所需的干燥时间却长得多。总之，降速阶段的干燥速率取决于物料本身结构、形状和尺寸，而与干燥介质状况关系不大，故降速阶段又称物料内部迁移控制阶段。

对干燥过程的具体参数的测定及计算如下。

(1) 干燥速率测定：

$$U = \frac{dW'}{S d\tau} \approx \frac{\Delta W'}{S \Delta \tau} \tag{21.3}$$

式中　U——干燥速率，$kg/(m^2 \cdot h)$；

　　　S——干燥面积（实验室现场提供），m^2；

　　　$\Delta \tau$——时间间隔，h；

　　　$\Delta W'$——$\Delta \tau$ 时间间隔内干燥汽化的水分量，kg。

(2) 物料干基含水量：

$$X = \frac{G' - G'_c}{G'_c} \tag{21.4}$$

式中　X——物料干基含水量，kg(水)/kg(绝干物料)；

　　　G'——固体湿物料的量，kg；

　　　G'_c——绝干物料量，kg。

(3) 恒速干燥阶段对流传热系数的测定：

$$U_c = \frac{dW'}{S d\tau} = \frac{dQ'}{r_{t_w} S d\tau} = \frac{\alpha(t - t_w)}{r_{t_w}}$$

$$\alpha = \frac{U_c r_{t_w}}{t - t_w} \tag{21.5}$$

式中　α——恒速干燥阶段物料表面与空气之间的对流传热系数，$W/(m^2 \cdot ℃)$；

　　　U_c——恒速干燥阶段的干燥速率，$kg/(m^2 \cdot s)$；

　　　t_w——干燥器内空气的湿球温度，℃；

　　　t——干燥器内空气的干球温度，℃；

　　　r_{t_w}——t_w 下水的汽化热，J/kg。

(4) 干燥器内空气实际体积流量的计算。由节流式流量计的流量公式和理想气体的状态方程式可推导出：

$$V_t = V_{t_0} \times \frac{273+t}{273+t_0} \tag{21.6}$$

式中 V_t——干燥器内空气实际流量，m^3/s；

t_0——流量计处空气的温度，℃；

V_{t_0}——常压下 t_0 时空气的流量，m^3/s；

t——干燥器内空气的温度，℃。

$$V_{t_0} = C_0 \times A_0 \times \sqrt{\frac{2 \times \Delta p}{\rho}} \tag{21.7}$$

$$A_0 = \frac{\pi}{4} d_0^2 \tag{21.8}$$

式中 C_0——流量计流量系数，$C_0 = 0.65$；

d_0——节流孔开孔直径，$d_0 = 0.035 \text{m}$；

A_0——节流孔开孔面积，m^2；

Δp——节流孔上下游两侧压力差，Pa；

ρ——孔板流量计处 t_0 时空气的密度，kg/m^3。

21.3 实验装置

本实验装置如图 21.3 和图 21.4 所示。

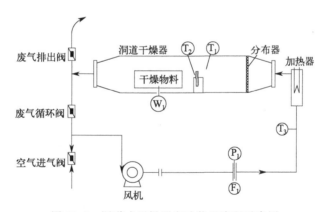

图 21.3 洞道式干燥器实验装置流程示意图

W_1—重量传感器；T_1—湿球温度计；T_2—干球温度计；T_3—空气进口温度计；F_1—孔板流量计

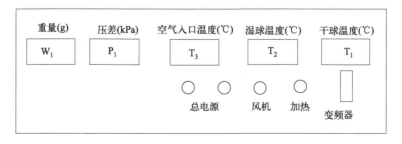

图 21.4 洞道式干燥器实验装置面板图

21.4 实验步骤

（1）将干燥物料（帆布）放入水中浸湿，将放湿球温度计纱布的烧杯装满水。
（2）调节空气进气阀到全开的位置后启动风机。
（3）通过废气排出阀和废气循环阀调节空气到指定流量后，开启加热电源。在智能仪表中设定干球温度，仪表自动调节到指定的温度。
（4）在空气温度、流量稳定条件下，读取重量传感器测定支架的重量并记录下来。
（5）把充分浸湿的干燥物料（帆布）固定在重量传感器 W1 上并与气流平行放置。
（6）在系统稳定状况下，记录干燥时间每隔 3 分钟时干燥物料减轻的重量，直至干燥物料的重量不再明显减轻为止。
（7）改变空气流量和空气温度，重复上述实验步骤并记录相关数据。
（8）实验结束时，先关闭加热电源，待干球温度降至常温后关闭风机电源和总电源。一切复原。

注意：（1）重量传感器的量程为 0~200g，精度比较高，所以在放置干燥物料时务必轻拿轻放，以免损坏或降低重量传感器的灵敏度。
（2）当干燥器内有空气流过时才能开启加热装置，以避免干烧损坏加热器，出现事故。
（3）干燥物料要充分浸湿，但不能有水滴自由滴下，否则将影响实验数据的准确性。
（4）实验进行中不要改变智能仪表的设置。

21.5 数据处理

将实验数据记录至表 21.1。

表 21.1 实验数据记录及处理

序号	累计时间 τ/min	总质量 G_T/g	干基含水量 X/[kg(水)/kg(绝干物料)]	平均含水量 X_{AV}/[kg(水)/kg(绝干物料)]	干燥速率 U/[10^{-4}kg/(m²·s)]
1					
2					
3					
4					
5					
6					
…					

21.6 实验报告

（1）绘制干燥曲线（瞬间含水率-时间关系曲线）；
（2）根据干燥曲线作干燥速率曲线；
（3）得出恒定干燥速率、临界含水量、平衡含水量；

(4) 计算出恒速干燥阶段物料与空气之间对流传热系数，利用误差分析法估算出误差；

(5) 分析空气流量或温度对恒定干燥速率、临界含水量的影响。

附：实验数据处理举例。

以表21.2中第1组数据为例。

被干燥物料的质量 G_i：
$$G_i = G_T - G_D$$

被干燥物料的干基含水量 X_i：
$$X_i = \frac{G_i - G_c}{G_c}$$
$$X_{i+1} = \frac{G_{i+1} - G_c}{G_c}$$

物料平均含水量 X_{AV}：
$$X_{AV} = \frac{X_i + X_{i+1}}{2}$$

平均干燥速率：
$$U = -\frac{G_c \times 10^{-3}}{S} \times \frac{dX}{d\tau}$$
$$= -\frac{G_c \times 10^{-3}}{S} \times \frac{X_{i+1} - X_i}{\tau_{i+1} - \tau_i}$$

干燥曲线用 X、τ 数据进行标绘，见图21.5。

干燥速率曲线用 U、X_{AV} 数据进行标绘，见图21.6。

根据 $i=1$ $i+1=2$ $G_{Ti}=193.5$g $G_{Ti+1}=192.5$g $G_D=121.4$g

得：$G_i = 72.1$g $G_{i+1} = 71.1$g $G_c = 26.8$g

得 $X_i = 1.6903$ kg(水)/kg(绝干物料)

$X_{i+1} = 1.6530$ kg(水)/kg(绝干物料)

得 $X_{AV} = 1.6716$ kg(水)/kg(绝干物料)

$S = 2 \times 0.165 \times 0.081 = 0.02673$ (m²)

$\tau_i = 0$s，$\tau_{i+1} = 180$s

得 $U = 2.078 \times 10^{-4}$ kg/(m²·s)

表21.2 实验数据记录及整理结果

空气孔板流量计读数 R：1.15kPa   干球温度 t：60℃

流量计处的空气温度 t_o：26.5℃   湿球温度 t_w：33.3℃

框架质量 G_D：121.4g   绝干物料量 G_c：26.8g

干燥面积 S：$0.165 \times 0.081 \times 2 = 0.02673$(m²)   洞道截面积：$0.15 \times 0.2 = 0.03$(m²)

序号	累计时间 τ/min	总质量 G_T/g	干基含水量 X/[kg(水)/kg(绝干物料)]	平均含水量 X_{AV}/[kg(水)/kg(绝干物料)]	干燥速率 U/[10^{-4}kg/(m²·s)]
1	0	193.5	1.6903	1.6716	2.078
2	3	192.5	1.6530	1.6287	2.702
3	6	191.2	1.6045	1.5802	2.702
4	9	189.9	1.5560	1.5317	2.702
5	12	188.6	1.5075	1.4813	2.910

续表

序号	累计时间 τ/min	总质量 G_T/g	干基含水量 X/[kg(水)/kg(绝干物料)]	平均含水量 X_{AV}/[kg(水)/kg(绝干物料)]	干燥速率 U/[10^{-4}kg/(m²·s)]
6	15	187.2	1.4552	1.4272	3.118
7	18	185.7	1.3993	1.3713	3.118
8	21	184.2	1.3433	1.3172	2.910
9	24	182.8	1.2910	1.2649	2.910
10	27	181.4	1.2388	1.2108	3.118
11	30	179.9	1.1828	1.1604	2.494
12	33	178.7	1.1381	1.1138	2.702
13	36	177.4	1.0896	1.0653	2.702
14	39	176.1	1.0410	1.0168	2.702
15	42	174.8	0.9925	0.9683	2.702
16	45	173.5	0.9440	0.9198	2.702
17	48	172.2	0.8955	0.8451	5.612
18	51	169.5	0.7948	0.7687	2.910
19	54	168.1	0.7425	0.7183	2.702
20	57	166.8	0.6940	0.6735	2.286
21	60	165.7	0.6530	0.6325	2.286
22	63	164.6	0.6119	0.5896	2.494
23	66	163.4	0.5672	0.5448	2.494
24	69	162.2	0.5224	0.4832	4.365
25	72	160.1	0.4440	0.4235	2.286
26	75	159.0	0.4030	0.3843	2.078
27	78	158.0	0.3657	0.3507	1.663
28	81	157.2	0.3358	0.3209	1.663
29	84	156.4	0.3060	0.2948	1.247
30	87	155.8	0.2836	0.2724	1.247
31	90	155.2	0.2612	0.2500	1.247
32	93	154.6	0.2388	0.2276	1.247
33	96	154.0	0.2164	0.2052	1.247
34	99	153.4	0.1940	0.1847	1.039
35	102	152.9	0.1754	0.1660	1.039
36	105	152.4	0.1567	0.1474	1.039
37	108	151.9	0.1381	0.1287	1.039
38	111	151.4	0.1194	0.1101	1.039
39	114	150.9	0.1007	0.0914	1.039
40	117	150.4	0.0821	0.0765	0.624
41	120	150.1	0.0709	0.0653	0.624
42	123	149.8	0.0597	0.0541	0.624
43	126	149.5	0.0485	0.0410	0.831
44	129	149.1	0.0336	0.0261	0.831
45	132	148.7	0.0187	0.0131	0.624
46	135	148.4	0.0075	0.0037	0.416
47	138	148.2	0.0000	0.0000	0.000

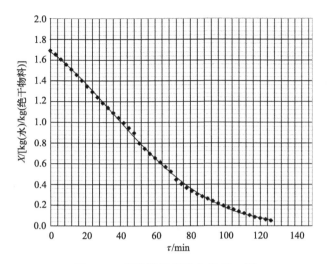

图 21.5　实验装置干燥曲线 $X\text{-}\tau$ 图

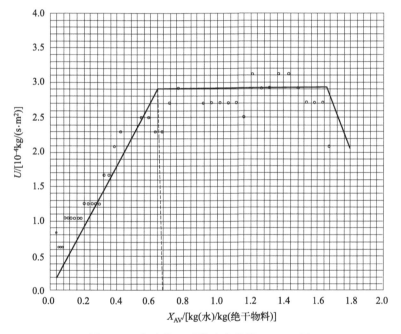

图 21.6　实验装置干燥速率曲线 $U\text{-}X_{AV}$ 图

从图 21.6 中可以得出：

恒速干燥速率 $U_c = 2.85 \times 10^{-4} \text{kg}/(\text{s} \cdot \text{m}^2)$

临界含水量 $X_c = 0.60 \text{kg(水)}/\text{kg(绝干物料)}$

水在 33.3℃ 时的汽化热 $r_{t_w} = 2430 \text{kJ/kg}$

$$\alpha = \frac{U_c r_{t_w}}{t - t_w} = \frac{2.85 \times 10^{-4} \times 2430}{60 - 33.3} = 25.9 [\text{W}/(\text{m}^2 \cdot \text{K})]$$

思考题

（1）当某种物料的恒速干燥段不易测定时，可采用什么方法解决？

（2）若加大热空气流量，干燥速率曲线有何变化？

（3）若提高进口空气的湿度，则干燥速率有何变化？

第三部分
专业实验

第22章
流化床基本特性曲线的测定

22.1 实验目的

(1) 掌握流化床的操作方法和流化床的基本特性。
(2) 掌握流化床流化曲线的测定方法,测定流化床床层压降与气速的关系曲线。
(3) 计算临界流化速度。

22.2 实验原理

22.2.1 流态化现象

流化床是利用气体或液体通过颗粒状固体床层而使固体颗粒处于悬浮运动状态,并使固体颗粒具有某些流体特征的一种床型。借助于固体的流态化来实现某种处理过程的技术,称之为流态化技术。由于流化床内颗粒与流体之间具有良好的传热、传质特性,因此已在化工、炼油、动力、冶金、能源、轻工、环保、核工业中得到广泛使用。例如煤的燃烧和转化、金属的提取、废物焚烧等。化工领域中,加氢反应过程、丙烯氨氧化、烯烃氧化、费-托合成以及石油的催化裂化等均采用了该技术。因此,它是极为重要的一种操作过程。

在流化床中,气固两相的运动状态就像沸腾的液体,所以也称为沸腾床。采用流化床的操作技术有着物料连续、温度均匀、结构紧凑、气固传质速度快和传热效率高等优点,但操作中会造成固体磨损、床层粒子返混严重、反应中转化率不高等现象。

将固体颗粒堆放在多孔的分布板上形成一个床层。当流体自下而上地流过颗粒物料层时,在低流速范围内,床层压降随流速的增加而增加,不超过某值时,不能使颗粒运动,流体只能从颗粒间隙中通过,粒子仍然相互接触并处于静止状态,属于固定床范围,如图22.1(a)所示,床层高度 L_0 不随气速改变。

当流体流速增大至某值后床层内粒子开始松动,床层稍有膨胀,但颗粒仍保持相互接触,不能自由运动,此时的状态为初始或临界流化状态,如图22.1(b) 所示,此时床层高

度为 L_{mf}。此时的空塔气速称为初始流化速度或临界流化速度 u_{mf}。

超过此临界点后再继续增大流速，则床层继续膨胀，空隙率增大，固体粒子悬浮于流体中不再相互支撑，并且处于随机运动状态，如图 22.1(c) 和（d）所示，这种床层具有类似于流体的性质，故称之为流化床。流化床内颗粒与流体的密度差的不同，颗粒尺寸及床层尺寸的不同，会使流化床内颗粒与流体的相对运动呈现不同的形式，主要有散式流化和聚式流化。散式流化亦称为均匀流化，固体颗粒均匀地分散在流化介质中。

聚式流化时，床层内分为两相，一相是空隙小而固体浓度大的气固均匀混合物构成的连续相，称为乳化相；另一相是夹带有少量固体颗粒而以气泡形式通过床层的不连续相，称为气泡相，如图 22.1(d) 所示。此时床层内有明显的界面，床内压降在开始流化后随流速增加而减小。若流速再升高达到某一极限时，流化床上的界面消失，压降也基本上不改变。颗粒分散悬浮于气流中，当流体速度增大至粒子能自由沉降时，粒子不断被气流带走，此时称为稀相流化床，如图 22.1(e) 所示。流速越大粒子被带走得越多，流速提高到一定数值则会将床内所有粒子带走形成空床，相应的流速为终端速度。

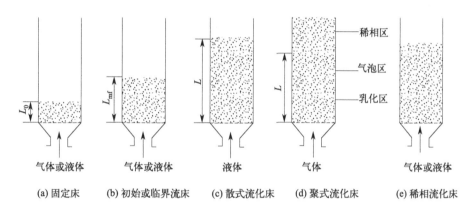

图 22.1 不同流速时床层的变化图

22.2.2 流化床的压降

在理想情况下，流体通过颗粒床层时，克服流动阻力产生的压降与空塔气速之间的关系曲线如图 22.2(a) 所示，实际流化床的情况如图 22.2(b) 所示。

实际流化床和理想流化床的区别有：

(1) 在固定床区域 AB 和流化床区域 DE 之间有一个"驼峰"BCD，这是因为固定床阶段的颗粒间相互挤压，需要较大的推力才能使床层松动，直到颗粒悬浮时，压降才降到 DE 段，此后压降基本不随气速变化。

(2) 气体通过床层时的压降绝大部分用于平衡床层颗粒的重力外，还有很少一部分能量消耗于颗粒之间的碰撞及颗粒与器壁之间的摩擦，使得实际流化床中的 DE 段右侧比理想情况下略向上。

(3) 实际流化床的压降是波动的 [在图 22.2(b) 中 DE 线上下的两条虚线间波动]，DE 线为平均值。这是因为气体进入形成气泡，在向上运动的过程中不断长大，到床面破裂。在气泡运动、长大、破裂的过程中产生的压降是波动的。

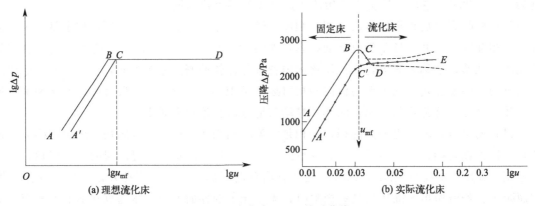

图 22.2 流化床 $\Delta p\text{-}u$ 关系曲线

通过测定 $\Delta p\text{-}u$ 曲线可以帮助判断流化床的操作是否正常。流化床正常操作时，压降波动较小。

u_{mf} 是临界流化速度，空床线速超过该值后才能开始流化，亦称最小流化速度。在临界流化时，床层所受气体向上的曳力与重力相等。即

$$\Delta p A_t = W \tag{22.1}$$

式中　Δp——床层压降，kPa；
　　　W——固体粒子质量，kg；
　　　A_t——床侧截面积，m^2。

以 L_{mf} 表示临界流化时的床高，ξ_{mf} 表示临界床层空隙率，则式(22.1) 可写成：

$$\Delta p A_t = A_t L_{mf}(1-\xi_{mf})\rho_s \rho_g \tag{22.2}$$

$$\frac{\Delta p}{L_{mf}} = (1-\xi_{mf})\rho_s \rho_g \tag{22.3}$$

式中　ρ_g——气体密度，kg/m^3；
　　　ρ_s——固体粒子密度，kg/m^3；
　　　L_{mf}——临界流化时床层高度，m；
　　　ξ_{mf}——临界流化床层空隙率。

对于不同尺寸的颗粒，临界流化速度由下式算出：

$$u_{mf} = \frac{d_p^2(\rho_s-\rho_g)g}{1650\mu} \quad Re<20 \tag{22.4}$$

$$u_{mf} = \frac{d_p(\rho_s-\rho_g)g}{24.5\mu} \quad Re>1000 \tag{22.5}$$

式中　d_p——颗粒直径，m；
　　　u_{mf}——床层临界流化速度，m/s；
　　　μ——流体黏度，kg/(m·s)。

在流化床操作的上限，带出气速 u_t（m/s）近似于颗粒的沉降速度，其值可由流体力学估算：

$$u_t = \left[\frac{4gd_p(\rho_s-\rho_g)}{3\rho_g c_d}\right]^{0.5} \tag{22.6}$$

对于球形颗粒，$c_d = 24/Re$；$Re < 0.4$，$c_d = 10/Re^{0.5}$；$0.4 < Re < 500$，代入式(22.6)得

$$u_t = \left[\frac{4(\rho_s - \rho_g)^2 g^2}{225 \rho_g \mu}\right]^{\frac{1}{3}} d_p \quad 0.4 < Re < 500 \quad (22.7)$$

$$u_t = \frac{g(\rho_s - \rho_g) d_p^2}{18\mu} \quad Re < 0.4 \quad (22.8)$$

流化床的带出速度和临界流化速度的比值，反映了流化床的可操作范围。

u_t/u_{mf} 之值与气固特性有关，一般在 10∶1 和 90∶1 之间，它是操作能否机动灵活的一项指标。

22.3 实验装置

实验装置和流程见图 22.3，主要由流化床、空压机和稳压系统等测定系统和进料系统组成。固体物料为硅胶颗粒，其主要参数为：d_p 3～5mm。

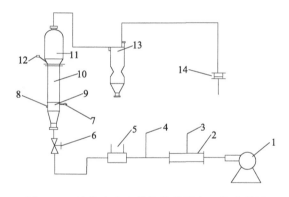

图 22.3 流化床基本特性曲线测定工艺流程图

1—风机；2—湿球温度水桶；3—湿球温度计；4—干球温度计；5—空气加热器；
6—空气流量调节阀；7—放净口；8—取样口；9—不锈钢筒体；10—玻璃筒体；
11—气固分离段；12—加料口；13—旋风分离器；14—孔板流量计

22.4 实验步骤

(1) 按流程图将各部件连好，在床下部测压口处塞 1 个小丝网，防止流化介质进入测压口处。

(2) 装填流化介质：将硅胶球从流化床顶部轻轻加入流化床反应器中，加入量应按静床层高度而定。

(3) 接通电源，检查仪表及空压机运行状况。先将风机出口阀关闭，将管道旁漏阀开到最大，然后启动风机。

(4) 慢慢打开风机出口阀，逐渐开大调节流量，并配合关小旁漏阀到适当位置，观察孔板流量计压差示数，每增加 10mmHg（1mmHg=133.32Pa）为一个测量点，直到压差达

到最大且不变为止。同时观察每个测量点下床层粒子活动状态，并记录流化床内的压降值。

(5) 实验结束后，关闭风机电源和总电源开关。

22.5 数据处理

将实验数据记录至表 22.1。

表 22.1 原始数据记录表

序号	孔板 Δp /mmHg 柱	孔板 Δp /Pa	流量 q_m /(kg/s)	流速 u /(m/s)	床底压力 /mmH$_2$O 柱	床顶压力 /mmH$_2$O 柱	床层压差 /mmH$_2$O 柱	床层压差 /Pa
1								
2								
3								
4								
5								
6								
7								
8								
9								
10								

22.6 实验报告

以 $\lg u$ 为横坐标，$\lg \Delta p$ 为纵坐标，作图得到曲线，由曲线求出临界流化速度 u_{mf}。

思考题

(1) 流化床有哪些基本特性？
(2) 流化床的不正常现象有哪些？并说出引起这些不正常现象的原因。
(3) 什么是流化数？不同生产过程的流化数特点是什么？

第23章
膜分离实验

23.1 实验目的

（1）掌握超滤和反渗透膜分离的工艺过程。
（2）掌握超滤和反渗透的性能参数及测定方法。
（3）理解超滤和反渗透膜分离的特点和原理。

23.2 实验原理

膜分离技术是近几年发展起来的一类新型化工分离技术。它是用人工合成的或天然的高分子薄膜，以外界能量或化学位差为推动力，对双组分或多组分的溶质与溶剂进行分离分级和提纯富集的方法，本实验装置可进行反渗透膜分离操作、超滤膜分离操作、纳滤膜分离操作和沙滤膜分离操作。

23.2.1 反渗透

在一定压力下水分子由盐水端透过反渗透膜向纯水端迁移。液剂分子在压力作用下由稀溶液向浓溶液迁移的过程被称为反渗透现象。如果将盐水加入以上设施的一端，并在该端施加超过该盐水渗透压的压力，我们就可以在另一端得到纯水。这就是反渗透净水的原理。反渗透设施生产纯水的关键有两个，一是一个有选择性的膜，我们称之为半透膜；二是一定的压力。简单来说，反渗透半透膜上有众多的孔，这些孔的大小与水分子的大小相当，由于细菌、病毒、大部分有机污染物和水合离子均比水分子大得多，因此不能透过反渗透半透膜而与透过反渗透膜的水相分离。在水的众多种杂质中，溶解性盐类是最难清除的。因此，经常根据除盐率的高低来确定反渗透的净水效果。反渗透除盐率的高低主要决定于反渗透半透膜的选择性。目前，较高选择性的反渗透膜元件除盐率可以高达99.7%。根据溶解-扩散模型，反渗透膜的选择透过性是由于不同组分在膜中的溶解度和扩散系数不同而造成的。若假设组分在膜中的扩散服从菲克（Fick）定律，则可推出溶剂和溶质的通量。

(1) 溶剂（水）的通量 $J_w[\text{g}/(\text{cm}^2 \cdot \text{s})]$

$$J_w = \frac{D_w C_w}{RT} \times \frac{d\mu_w}{dx} = \frac{D_w C_w}{RT} \times \frac{\Delta\mu_w}{\Delta x} = \frac{D_w C_w V_w}{RT\Delta x}(\Delta p - \Delta\pi) \tag{23.1}$$

令 $A = \dfrac{D_w C_w V_w}{RT\Delta x}$，则

$$J_w = A(\Delta p - \Delta\pi) \tag{23.2}$$

式中　D_w——溶剂（水）在膜中的扩散系数，cm^2/s；

μ_w——溶剂（水）的黏度，$\text{Pa} \cdot \text{s}$；

C_w——溶剂（水）在膜中的浓度，g/cm^3；

V_w——溶剂（水）的偏摩尔体积，cm^3/mol；

Δp——膜两侧的压力差，atm（1atm=101.325kPa）；

$\Delta\pi$——膜两侧的渗透压差，atm；

R——气体常数；

T——温度，K；

Δx——膜的有效厚度，cm；

A——膜的渗透系数，$\text{g}/(\text{cm}^2 \cdot \text{s} \cdot \text{atm})$。

(2) 溶质的通量

$$J_s = D_s \Delta C / \Delta x = B\Delta C \tag{23.3}$$

式中　D_s——溶质在膜中的扩散系数，cm^2/s；

B——溶质的渗透系数，cm/s；

ΔC——膜截留侧和渗透侧的浓度差，g/cm^3。

23.2.2 超滤

超滤是以压力为推动力，利用超滤膜不同孔径对液体进行物理的筛分过程。其分子切割量一般为6000到50万，孔径约为100nm。超滤过程中，膜孔的大小和形成对分离起主要作用，膜的物化性质对分离性能也有一定影响，但相对较小；膜大多用高分子材料经相转化法制得，也有用无机陶瓷材料制备的。超滤是利用多孔材料的拦截能力，以物理截留的方式去除水中一定大小的杂质颗粒。在压力驱动下，溶液中水、有机低分子、无机离子等尺寸小的物质可通过纤维壁上的微孔到达膜的另一侧，溶液中菌体、胶体、颗粒物、有机大分子等大尺寸物质则不能透过纤维壁而被截留，从而达到筛分溶液中不同组分的目的。该过程为常温操作，无相态变化，不产生二次污染。从操作形式上，超滤（UF）可分为内压和外压。运行方式分为全流过滤和错流过滤两种。当进水悬浮物较高时，采用错流过滤可减缓污堵，但相应增加能耗。

由于 UF 过程的对象是大分子，膜的孔径常用被截留分子的分子量大小来表征，膜的截留率与截留组分分子量有关。截留率与截留分子量的关系曲线是 S 形曲线。在稳态 UF 过程中，由传质微分方程可推出物料衡算式：

$$J_w = J_w C - D\frac{dC}{dZ} \tag{23.4}$$

式中　J_w——溶质的通量；

$J_w C$——向着膜方向传递的溶质通量；

$D\dfrac{\mathrm{d}C}{\mathrm{d}Z}$——反向扩散的溶质通量。

根据透过液中的溶质浓度 C_p，透过液中的溶质通量可表示为：

$$J_w = \frac{D}{\delta}\ln\frac{C_m - C_p}{C_b - C_p} \tag{23.5}$$

式中 C_b——主体溶液中的溶质浓度；

C_m——膜表面的溶质浓度；

δ——膜的边界层厚度；

C_p——渗透液浓度。

当溶质全部被截留时，$C_p = 0$，则

$$J_w = \frac{D}{\delta}\ln\frac{C_m}{C_b} \tag{23.6}$$

23.2.3 膜性能的描述方法

(1) 分离效率。膜的分离效率一般用截留率来表示。表观截留率 $R = 1 - C_p/C_o$（C_o 为料液初始浓度，C_p 为渗透液浓度）。实际截留率 $R = 1 - C_p/C_R$（C_R 为截留液浓度）。

(2) 渗透通量。渗透通量表示单位时间内通过单位膜面积的渗透质量或体积，单位为 $\mathrm{kg/(m^2 \cdot h)}$ 或 $\mathrm{m^3/(m^2 \cdot h)}$。

$$J = \frac{V}{A \times t} \tag{23.7}$$

式中 V——渗透液体积；

A——膜面积；

t——实验时间。

(3) 影响膜性能的因素。渗透通量会随操作时间的延长而衰减，同时操作压力、膜表面的流速、操作温度、料液浓度对膜通量和截留率都有一定影响。其中以操作压力和膜表面流速的影响为主。一般情况下，随着操作压力的升高，渗透通量增大，截留率减少。但压力增大到一定程度后，随着压力的增大，渗透通量和截留率不再变化；膜表面流速对渗透通量和截留率的影响比较复杂，视料液的性质而定，一般情况下，随膜表面流速（错流流率）的增大而缓慢增大。

超滤、纳滤以及反渗透三种膜分离方式比较如图 23.1 所示。

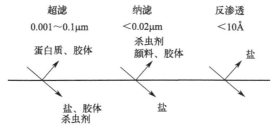

图 23.1 膜分离方式比较

$1 \text{Å} = 10^{-10} \text{m}$

23.3 实验装置

本实验的实验装置及流程图如图23.2所示。

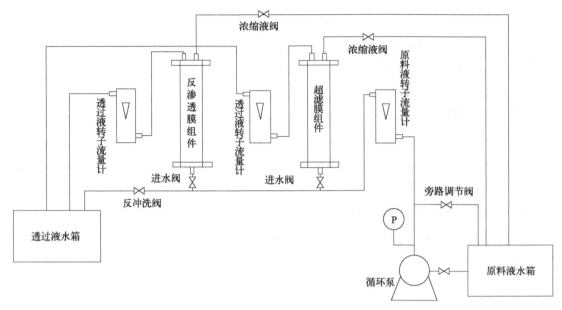

图23.2 超滤、反渗透膜分离实验装置流程图

23.4 实验步骤

23.4.1 超滤膜分离实验

（1）开启总电源。
（2）关闭超滤膜进口阀，启动防腐泵。
（3）首先打开浓缩液阀，随后打开超滤膜进口阀，然后慢慢打开净水阀。
（4）调节净水阀和浓缩液阀，观察在不同流量下的分离情况，同时要注意工作压力不超过0.4MPa。
（5）实验结束后，按相反顺序关闭实验装置。

23.4.2 反渗透膜分离实验

（1）开启总电源。
（2）关闭反渗透膜进口阀，启动增压泵。
（3）首先打开浓缩液阀，随后打开反渗透膜进口阀，然后慢慢打开净水阀。
（4）调节净水阀和浓缩液阀，观察在不同流量下的分离情况，同时要注意净水工作压力不超过0.8MPa。
（5）在净水工作压力不超过0.8MPa的情况下，净水阀开至最大和调节浓缩液阀的流量，分别测量净水流量在20、80、120、160L/h时净水的电导率。

(6) 实验结束后,先关闭反渗透膜进口阀,后关闭实验装置其他开关。

23.5 数据处理

将数据记录至表 23.1 中。

表 23.1 反渗透膜实验数据记录表

序号	浓缩液		原料水		纯净水	
	流量 V_1 /(L/h)	电导率 k_1 /(mS/cm)	进口压力 p_1 /MPa	流量 V_2 /(L/h)	电导率 k_2 /(mS/cm)	出口压力 p_2 /MPa
1						
2						

(1) 超滤组件为中空纤维,其材料为聚丙烯,抗冲击性和耐磨性能好。孔径:0.01～0.3μm;孔隙率:50%～55%;截留分子量:9万;可实现无菌过滤;使用温度:44～73℃;最大工作压力:$4MPa/cm^2$。

(2) 反渗透膜为卷式膜,膜直径:99.4mm;长度:1014mm;脱盐率:95%;带有不锈钢膜壳,最大压力:4.16MPa;使用温度:45℃。

23.6 实验报告

通过实验获得的电导率进行透过率计算,例如实验原水电导率561mS/cm,通过反渗透膜柱后淡水电导率50mS/cm,则透过率=(561-50)/561=91%。

思考题

(1) 试论述超滤膜分离和反渗透膜分离的机理。
(2) 实验中如果操作压力过高或流量过大会有什么结果?
(3) 膜组件中加保护液有何意义?

第24章
多釜串联性能研究实验

24.1 实验目的

（1）通过实验了解停留时间分布测定的基本原理和实验方法。
（2）掌握停留时间分布的统计特征值的计算方法。
（3）学会用理想反应器的串联模型来描述实验系统的流动特性。

24.2 实验原理

在连续流动反应器中进行化学反应时，反应进行的程度除了与反应系统本身的性质有关外，还与反应物料在反应器中停留时间长短有密切关系。停留时间越长，则反应越完全。停留时间通常是指从流体进入反应器开始，到其离开反应器为止的这一段时间。显然对流动反应器而言，停留时间不像间歇反应器那样是同一个值，而是存在一个停留时间分布。造成这一现象的主要原因是流体在反应器内流速分布得不均匀、流体的扩散以及反应器内的死区等。

停留时间分布的测定不仅广泛应用于化学反应工程及化工分离过程，而且也可以应用于涉及流动过程的其他领域。它也是反应器设计和实际操作所必不可少的理论依据。停留时间分布测定所采用的方法主要是示踪响应法。它的基本思路是：在反应器入口以一定的方式加入示踪剂，然后通过剂量反应器出口处示踪剂浓度的变化，间接描述反应器内流体的停留时间。常用的示踪剂加入方式有脉冲输入、阶越输入和周期输入等。本实验选用的是脉冲输入法。脉冲输入法是在极短的时间内，将反应示踪剂从系统的入口处注入主流体，在不影响主流体原有流动特性的情况下随之进入反应器。与此同时，在反应器出口检测示踪剂浓度$c(t)$随时间的变化。整个过程可以用图24.1形象地描述。

由概率论知识可知，概率分布密度函数$E(t)$就是系统的停留时间分布密度函数。因此，$E(t)\mathrm{d}t$就代表了流体粒子在反应器内停留时间介于t到$t+\mathrm{d}t$之间的概率。在反应器出口处测得的示踪剂浓度$c(t)$与时间t的关系曲线叫响应曲线。有响应曲线就可以计算出

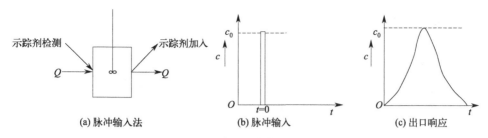

图 24.1 脉冲法测定停留时间分布

$E(t)$ 与时间 t 的关系并绘出 $E(t)$-t 关系曲线。计算方法是对反应器作示踪剂的物料衡算，即

$$Qc(t)dt = mE(t)dt \tag{24.1}$$

式中，Q 表示主流体的流量；m 为示踪剂的加入量。示踪剂的加入量可以用下式计算

$$m = \int_0^\infty Qc(t)dt \tag{24.2}$$

在 Q 值不变的情况下，由式(24.1) 和式(24.2) 求出：

$$E(t) = \frac{c(t)}{\int_0^\infty c(t)dt} \tag{24.3}$$

关于停留时间分布的另一个统计函数是停留时间分布函数 $F(t)$ 即

$$F(t) = \int_0^\infty E(t)dt \tag{24.4}$$

用停留时间分布密度函数 $E(t)$ 和停留时间分布函数 $F(t)$ 来描述系统的停留时间，给出了很好的统计分布规律。但为了比较不同停留时间分布之间的差异，还需要引入另外两个统计特征值，即数学期望和方差。数学期望对停留时间分布而言就是平均停留时间 $\bar{t}$，即

$$\bar{t} = \frac{\int_0^\infty tE(t)dt}{\int_0^\infty E(t)dt} = \int_0^\infty tE(t)dt \tag{24.5}$$

方差是和理想反应器模型关系密切的参数。它的定义是：

$$\sigma_t^2 = \int_0^\infty t^2 E(t)dt - \overline{t^2} \tag{24.6}$$

对活塞流反应器 $\sigma_t^2 = 0$；而对全混流反应器 $\sigma_t^2 = \overline{t^2}$；对介于上述两种理想反应器之间的非理想反应器可以用多釜串联模型描述。多釜串联模型中的模型参数 m 可以由实验数据处理得到的 σ_t^2 来计算。

$$m = \frac{\overline{t^2}}{\sigma_t^2} \tag{24.7}$$

当 m 为整数时，代表该非理想流动反应器可以用 m 个等体积的全混流反应器的串联来建立模型。当 m 为非整数时，可以用四舍五入的方法近似处理，也可以用不等体积的全混流反应器串联模型。

24.3 实验装置

反应器为不锈钢制成的搅拌釜。其有效容积为1L。搅拌方式为马达驱动的叶轮搅拌。流程中配有三个同样的搅拌釜反应器。脉冲法加入示踪剂。示踪剂置于高位罐，由自动控制电磁阀加入。用电导率仪检测出口处示踪剂的浓度。试验中硝酸钾为示踪剂，水为实验流体。如图24.2所示。

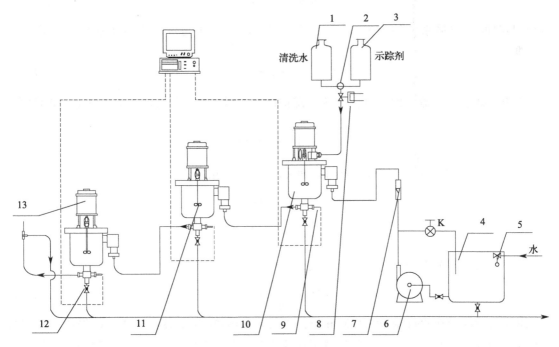

图24.2 多釜串联性能研究实验流程

1—清洗水瓶；2—三通转换阀；3—示踪剂储瓶；4—水槽；5—浮球阀；6—水泵；7—转子流量计；
8—电磁阀；9—电导电极；10—釜；11—螺旋桨搅拌器；12—排放阀；13—搅拌马达

24.4 实验步骤

实验准备：将硝酸钾溶液加入高位罐内，将水加入另一个高位罐中（备用）；水槽内注水；检查电路是否正确。

实验操作：
(1) 开总电源开关。
(2) 开电导率仪，设定电极常数和温度补偿系数。
(3) 在水泵出口阀和流量计调节阀关闭的情况下开启水泵开关。
(4) 搅拌调节旋钮最小情况下，开启釜Ⅰ、Ⅱ、Ⅲ搅拌开关，并调节电机转速至150r/min。
(5) 调节流量计调节阀至水的流量为40mL/min，控制釜液位至3/4处。
(6) 待釜内液位稳定后，记录电导率仪示数。

（7）打开示踪剂开关进示踪剂，同时快速计时，并每15s记录一次电导率仪示数，直到各电导率仪完全恢复初始读数。

（8）实验结束，关闭示踪剂进料阀门，打开清水阀门，重复进3~5次清水，以冲洗电动阀。

（9）搅拌调节阀归零，关闭搅拌开关。

（10）水流量调节阀关至最小，最后关闭水泵。

24.5 数据处理

将实验数据记录至表24.1。

表24.1 实验数据记录表

实验次数	时间 t/s	电导率 k/(mS/cm)		
		釜1	釜2	釜3
1				
2				
3				
...				

24.6 实验报告

（1）做出电导率随时间的变化曲线。

（2）计算多釜串联模型中的模型参数 m。

思考题

（1）全混流反应器应具有什么样的特征？如何用实验的方法判断搅拌釜是否达到全混流反应器的模型要求？如果未达到如何调整实验条件使其接近这一理想模型。

（2）本实验系统中所有连接管路应该具备怎样的条件，才能忽略其对反应器停留时间分布测定准确性的影响。如何利用本实验装置进行验证？

第25章
多相搅拌实验

25.1 实验目的

（1）掌握搅拌功率曲线的测定方法。
（2）观察同一种搅拌桨在不同流体中的流型特点。
（3）用羧甲基纤维素钠（CMC）水溶液，测定液-液相搅拌功率曲线。
（4）用 CMC 水溶液和空气，测定气-液相搅拌功率曲线。

25.2 实验原理

搅拌操作是重要的化工单元操作之一，它常用于互溶液体的混合、不互溶液体的分散和接触、气液接触、固体颗粒在液体中的悬浮、强化传热及化学反应等过程，在石油工业、废水处理、染料、医药、食品等行业中都有广泛的应用。

搅拌过程中流体的混合要消耗能量，即通过搅拌器把能量输入被搅拌的流体中去。因此搅拌釜内单位体积流体的能耗成为判断搅拌过程好坏的依据之一。

由于搅拌釜内液体运动状态十分复杂，搅拌功率目前尚不能由理论得出，只能由实验获得它和多变量之间的关系，以此作为搅拌器设计放大过程中确定搅拌功率的依据。

液体搅拌功率消耗可表达为下列诸变量的函数：

$$N = f(K, n, d, \rho, \mu, g \cdots) \tag{25.1}$$

式中　N——搅拌功率，W；
　　　K——无量纲系数；
　　　n——搅拌转数，r/s；
　　　d——搅拌器直径，m；
　　　ρ——流体密度，kg/m³；
　　　μ——流体黏度，Pa·s；
　　　g——重力加速度，m/s²。

由因次分析法可得下列无因次数群的关联式：

$$\frac{N}{\rho n^3 d^5} = K\left(\frac{d^2 n\rho}{\mu}\right)^x \left(\frac{n^2 d}{g}\right)^y \tag{25.2}$$

令 $\dfrac{N}{\rho n^3 d^5} = N_p$，$N_p$ 称为功率，量纲为 1；

$Re = \dfrac{d^2 n\rho}{\mu}$ 称为搅拌雷诺数，量纲为 1，反映液体黏滞力对流体流动状态的影响，即用来衡量流体流动状态。

当 $Re < 10$ 时，叶轮周围液体随叶轮旋转作周向流，远离叶轮的液体基本是静止的，属于完全层流，如图 25.1(a) 所示。

当 $Re = 10 \sim 30$ 时，液体的流动达到槽壁，并沿槽壁有少量上下循环流发生，如图 25.1(b) 所示，属于部分层流，但仍在层流范围。

当 $Re = 30 \sim 10^3$ 时，桨叶附近的液体已出现湍流，而其外周仍为层流，如图 25.1(c) 所示，属于过渡流状态。

当 $Re > 10^3$ 时，液体达到湍流状态。若槽壁处无挡板时，由于离心力的作用搅拌轴会形成旋涡，如图 25.1(d) 所示。搅拌器转速越大，形成的旋涡越深，这种现象称为"打旋"。旋涡中心的液体几乎与搅拌轴作同步旋转，类似于一个回转的圆形固体柱，称为"圆柱状回转区"。"打旋"发生时，几乎不产生轴向混合作用，对于多相物系，导致轻重相分层。当旋涡达到一定深度时，还会发生吸入气体现象，降低被搅拌物料表观密度，致使搅拌功率下降，搅拌效果变差。所以，搅拌操作应避免"打旋"现象发生。槽内加挡板，便可抑制"打旋"现象发生，如图 25.1(e) 所示。

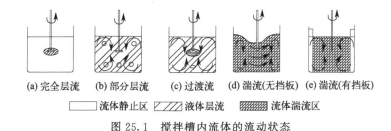

(a) 完全层流　(b) 部分层流　(c) 过渡流　(d) 湍流(无挡板)　(e) 湍流(有挡板)

☐ 流体静止区　▨ 液体层流　▦ 流体湍流区

图 25.1　搅拌槽内流体的流动状态

令 $\dfrac{n^2 d}{g} = Fr$，Fr 称为搅拌弗劳德数，量纲为 1，用以衡量重力的影响。

则
$$N_p = K Re^x Fr^y \tag{25.3}$$

式中，K、x、y 为待定常数。

若令 $\phi = \dfrac{N_p}{Fr^y}$，ϕ 称为功率因数

则
$$\phi = K Re^x \tag{25.4}$$

对于不打旋的系统重力影响极小，可忽略 Fr 的影响，即 $y = 0$。

则
$$\phi = N_p = K Re^x \tag{25.5}$$

注意功率数 N_p 和功率因数 ϕ 是两个完全不同的概念

因此，在对数坐标纸上可标绘出 $N_p(\phi)$ 与 Re 的关系。

搅拌功率计算方法：
$$N = I \times V - (I^2 \times R + K \times n^{1.2}) \quad (25.6)$$

式中　I——搅拌电机的电枢电流，A；

　　　V——搅拌电机的电枢电压，V；

　　　n——搅拌转数，r/s；

　　　R——搅拌电机内阻，Ω；

　　　K——常数，$K=0.186$。

25.3　实验装置

本实验使用的是标准搅拌槽，其直径为 280mm；搅拌桨为六片平直叶圆盘涡轮，直径 d 等于搅拌槽直径 D 的 $\frac{1}{3}$，搅拌电机内阻 $R=28Ω$，装置流程图见图 25.2。

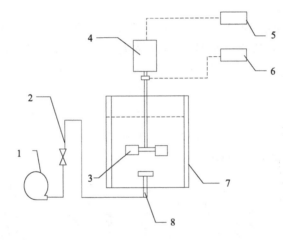

图 25.2　多相搅拌实验装置流程图

1—空压机；2—气体流量计；3—搅拌桨；4—电机；5—电机调速器；
6—电流、电压表；7—搅拌槽；8—气体分布器

25.4　实验步骤

① 打开总电源。

② 打开搅拌调速开关，慢慢转动调速旋钮，电机开始转动。

③ 在转速 250～600r/min 之间，取 10～12 个点测试（实验中适宜的转速选择：低转速时搅拌器的转动要均匀；高转速时以流体不出现旋涡为宜）。

④ 实验中每调一个转速，待数据显示基本稳定后方可读数，同时注意观察流型及搅拌情况。

⑤ 每调节一个转速记录电机的电压（V）、电流（A）、转速（r/min），测定 CMC 溶液搅拌功率曲线。

⑥ 以空压机为供气系统，用气体流量计调节空气流量为 0.5m³/h 输入搅拌槽内，其余

操作同上，测定气液搅拌功率曲线。

⑦ 实验结束时首先关闭流量调节阀，然后关闭空气压缩机。最后把调速降为"0"，方可关闭搅拌开关。

⑧ 关闭总电源。

注意：

(1) 电机调速一定是从"0"开始，调速过程要慢，否则易损坏电机。

(2) 不得随便移动实验装置。

25.5 数据处理

将实验数据整理在表 25.1 和表 25.2 中。

表 25.1 液-液搅拌功率曲线实验数据汇总表

实验次数	转速 n /(r/min)	电压 U/V	电流 I/A	功率 N/W	N_p /W	$\lg(n)$	$\lg(N)$	$\lg(N_p)$	Re
1									
2									
3									
…									

表 25.2 气-液搅拌功率曲线实验数据汇总表

实验次数	转速 n /(r/min)	电压 U/V	电流 I/A	功率 N/W	N_p /W	$\lg(n)$	$\lg(N)$	$\lg(N_p)$	Re
1									
2									
3									
…									

25.6 实验报告

(1) 做 $\lg(N)$-$\lg(n)$ 曲线，将两条曲线作在同一坐标纸上，拟合出线性方程。

(2) 在对数坐标纸上标绘 N_p-Re 曲线，将两条曲线作在同一坐标纸上，拟合出线性方程。

思考题

(1) 如何抑制"打旋"现象的发生？

(2) 如何增强搅拌槽内液体的湍动？

(3) 试说明测定 N_p-Re 曲线的实际意义。

第26章
气相色谱分析实验

26.1 实验目的

(1) 了解气相色谱分析原理与技术。
(2) 掌握气相色谱仪的构成和使用方法。
(3) 掌握用气相色谱对物质进行定性、定量分析的方法。

26.2 实验原理

26.2.1 气相色谱法基本原理

"气相色谱分析"是重要的近代分析手段之一。由于它具有分离效能高、分析速度快、定量结果准确、易于自动化等特点,且当其与质谱、计算机结合进行色-质联用分析时,又能对复杂的多组分混合物进行定性、定量分析,因此日益广泛地应用于石油、化工、医药、生化、环境科学等各个领域,成为工农业生产、科研、教学等部门不可缺少的重要分离、分析工具。色谱法亦称色层法、层析法,是一种分离技术,当其应用于分析化学领域,并与适当的检测手段相互结合,就构成色谱分析法。

气相色谱分离是利用试样中各组分在色谱柱中的气相和固定相间的分配系数不同,当气化后的试样被载气带入色谱柱中运行时,组分就在其中的两相间进行反复多次($10^3 \sim 10^6$)的分配(吸附—脱附—放出)。由于固定相对各种组分的吸附能力不同(即保存作用不同),因此各组分在色谱柱中的运行速度就不同,经过一定的柱长后,吸附力弱的组分容易被解吸下来,最先离开色谱柱进入检测器,而吸附力最强的组分最不容易被解析下来,因此最后离开色谱柱,各组分便彼此分离,顺序离开色谱柱进入检测器,产生的离子流信号经放大后,在记录器上描绘出各组分的色谱峰,如图 26.1 所示。图 26.1 中,CD 称为基线,$CHEJDBC$ 为组分波峰总面积,BE 为峰高,HJ 为峰半高宽度,简称半宽,OB 为保留时间(min),OA 为空气峰时间(min)。利用组分在色谱图上的保留值来定性,用其峰面积加一适当的校正值来定量。

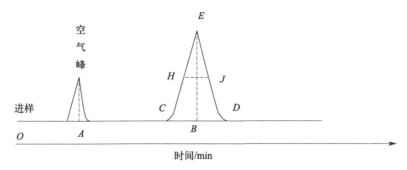

图 26.1　检测器信号对时间作图

26.2.2　气相色谱法的特点

（1）高效能。指一般色谱柱都有几千块理论板，毛细管柱可达 $10^5 \sim 10^6$ 块理论板。因而可以分析沸点十分相近的组分和极为复杂的多组分混合物。例如，用毛细管，可以分析轻油中 150 个组分。

（2）高选择性。指固定相对性质极为相似的组分，如同位素、烃类的异构体等有较强的分离能力。主要通过选用有高选择性的固定液。

（3）高灵敏度。指用高灵敏度的检测器可检测出 $10^{-11} \sim 10^{-13}$ g 的物质，因此可用于痕量分析。

（4）分析速度快。一般分析一次用几分钟到十几分钟。某些快速分析中，一秒钟可以分析若干份。色谱法易于自动化（操作与处理都能自动化），速度很快。

（5）应用范围广，气相色谱法可以分析气体和易挥发的或可以转化为易挥发的液体和固体，也可以分析无机物、高分子和生物大分子，而且应用范围正在日益扩大。

26.3　实验装置

气相色谱仪一般由气路系统、进样系统、分离系统（色谱柱系统）、检测及温度控制系统、记录系统组成。

26.3.1　气路系统

气路系统包括气源、净化干燥管和载气流速控制及气体化装置，是一个载气连续运行的密闭管路系统。通过该系统可以获得纯净的、流速稳定的载气。它的气密性、流量测量的准确性及载气流速的稳定性，都是影响气相色谱仪性能的重要因素。气相色谱中常用的载气有氢气、氮气、氩气，纯度要求 99% 以上，化学惰性好，不与有关物质反应。

载气的选择除了要求考虑对柱效的影响外，还要与分析对象和所用的检测器相配。气相色谱选择载气，是根据色谱柱系统及色谱仪的检测器等条件来确定的。

氢气（H_2）具有分子量小、热导率大、黏度小等特点，是热导检测器常用的载气、氢火焰离子化检测器中必用的燃气，但氢气易燃、易爆，使用时要特别注意安全。

氮气（N_2）分子量较大、扩散系数小、柱效相对较高、安全、价格便宜，因此，是这 4

种气体中最为常用的载气，在氢火焰离子化检测器中常用，但由于其热导率小、灵敏度差、定量线性范围较窄，因此在热导检测器中少用。

氦气（He）分子量小、热导率大、黏度小、使用时线速度大，与氢气相比，更安全，但成本高，常用于气-质联用分析。

氩气（Ar）分子量大、热导率小，但由于成本高，因而应用较少。

26.3.2 进样系统

（1）进样器：根据试样的状态不同，采用不同的进样器。液体样品的进样一般采用微量注射器。气体样品的进样常用色谱仪本身配置的推拉式六通阀或旋转式六通阀。固体试样一般先溶解于适当试剂中，然后用微量注射器进样。

（2）气化室：气化室一般由一根不锈钢管制成，管外绕有加热丝，其作用是将液体或固体试样瞬间气化为蒸气。为了让样品在气化室中瞬间气化而不分解，要求气化室热容量大，无催化效应。

（3）加热系统：用以保证试样气化，其作用是将液体或固体试样在进入色谱柱之前瞬间气化，然后快速定量地转入色谱柱中。

26.3.3 分离系统

分离系统是色谱仪的重要部分，其作用就是把样品中的各个组分分离开来。分离系统由柱室、色谱柱、温控部件组成。其中色谱柱是色谱仪的核心部件。色谱柱主要有两类：填充柱和毛细管柱（开管柱）。柱材料包括金属、玻璃、熔融石英、聚四氟乙烯等。色谱柱的分离效果除与柱长、柱径和柱形有关外，还与所选用的固定相和柱填料的制备技术以及操作条件等许多因素有关。

26.3.4 检测系统

检测器是将经色谱柱分离出的各组分的浓度或质量（含量）转变成易被测量的电信号（如电压、电流等），并进行信号处理的一种装置，是色谱仪的眼睛。通常由检测元件、放大器、数模转换器三部分组成。被色谱柱分离后的组分依次进入检测器，按其浓度或质量随时间的变化，转化成相应电信号，经放大后记录和显示，绘出色谱图。检测器性能的好坏将直接影响到色谱仪器最终分析结果的准确性。

根据检测器的响应原理，可将其分为浓度型检测器和质量型检测器。

浓度型检测器：测量的是载气中组分浓度的瞬间变化，即检测器的响应值正比于组分的浓度。如热导检测器、电子捕获检测器。

质量型检测器：测量的是载气中所携带的样品进入检测器的速度变化，即检测器的响应信号正比于单位时间内组分进入检测器的质量。如氢火焰离子化检测器和火焰光度检测器。

26.3.5 温度控制系统

在气相色谱测定中，温度控制是重要的指标，直接影响柱的分离效能、检测器的灵敏度和稳定性。温度控制系统主要指对气化室、色谱柱、检测器三处的温度控制。在气化室要保证液体试样瞬间气化；在色谱柱室要准确控制分离需要的温度，当试样复杂时，分离室需要按一定程序控制温度变化，各组分在设定温度下分离；在检测器要使被分离后的组分通过时不在此冷凝。常见溶剂的沸点和色谱柱初始温度见表26.1。

控温方式分恒温和程序升温两种。

恒温：对于沸程不太宽的简单样品，可采用恒温模式。一般的气体分析和简单液体样品分析都采用恒温模式。

程序升温：在一个分析周期里色谱柱的温度随时间由低温到高温呈线性或非线性变化，使沸点不同的组分，各在其不同柱温下流出，从而改善分离效果，缩短分析时间。对于沸程较宽的复杂样品，如果在恒温下分离很难达到好的分离效果，应使用程序升温方法。

表26.1 常见溶剂的沸点和色谱柱初始温度表

溶剂名称	沸点/℃	初始柱温/℃	溶剂名称	沸点/℃	初始柱温/℃
乙醚	36	10～室温	正己烷	69	40
正戊烷	36	10～室温	乙酸乙酯[①]	77	45
二氯甲烷	40	10～室温	乙腈	82	50
二硫化碳	46	10～室温	正庚烷	98	70
氯仿[①]	61	25	异辛烷	99	70
甲醇[①]	65	35	甲苯	111	80

① 只能用于固定液交联的色谱柱。

26.3.6 记录系统

记录系统：记录检测器的检测信号，进行定量数据处理。一般采用自动平衡式电子电位差计进行记录，绘制出色谱图。一些色谱仪配备有积分仪，可测量色谱峰的面积，直接提供定量分析的准确数据。先进的气相色谱仪还配有电子计算机，能自动对色谱分析数据进行处理。

26.3.7 气相色谱仪的色谱分析

气相色谱仪的色谱分析包括色谱定性分析和定量分析。气相色谱主要功能不仅是将混合有机物中的各种成分分离开来，而且还要对结果进行定性及定量分析。所谓定性分析就是确定分离出的各组分是什么有机物质，而定量分析就是确定分离组分的量有多少。色谱在定性分析方面远不如其他的有机物结构鉴定技术，但在定量分析方面则远远优于其他的仪器方法。

有机物进入气相色谱后得到两个重要的测试数据：色谱峰保留值和面积。这样气相色谱可根据这两个数据进行定性定量分析。色谱峰保留值是定性分析的依据，而色谱峰面积则是定量分析的依据。

气相色谱的定性分析方法主要有保留值定性法、化学试剂定性法和检测器定性法。气相色谱的保留值有保留时间和保留体积两种，现在大多数情况下均用保留时间作为保留值。在相同的仪器操作条件和方法下，相同的有机物应有同样的保留时间，即在同一时间出峰。但必须注意：有同样保留时间的有机物并不一定相同。

气相色谱保留时间定性分析方法，是将有机样品组分的保留时间与已知有机物在相同的仪器和操作条件下保留时间相比较。如两数值相同或在实验和仪器容许的误差范围之内，就推定未知物组分可能是已知的比较有机物。

但是，因为同一有机物在不同的色谱条件和仪器中保留时间有很大的差别，所以用保留时间值对色谱分离组分进行定性只能给出初步的判断，绝大多数情况下还需要用其他方法作进一步的确认。

一个最常用的确证方法是将可能的有机物加到有机样品中再进行一次气相色谱仪分析，如果有机样品中确含已知有机物的组分，则相应的色谱峰会增大。这样比较两次色谱图峰值的变化，就可以确定前期初步推断是否正确。

气相色谱仪的流程示意图如图 26.2 所示。

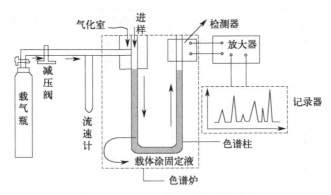

图 26.2　气相色谱仪的流程示意图

26.4　实验步骤

（1）开载气氢气发生器开关（检查氢气发生器液位是否正常）。

（2）当氢气发生器压力达到 0.4MPa 时，检查气相色谱仪色谱柱 A 和色谱柱 B 是否有压力（本实验控制压力在 0.2MPa）。

（3）开气相色谱仪电源开关，设定柱箱温度、气化温度、检测器 B 温度到指定温度（具体设置方法参照设备说明书）。

（4）开计算机，打开色谱工作站界面。

（5）待记录仪基线走稳后开始进样。

26.5　数据处理

将数据记录于表 26.2 中。

表 26.2　数据记录表

组分	保留时间	浓度	峰面积	峰高	半高峰宽	峰标志
水						
甲醇						
乙醇						

26.6 实验报告

定性分析：打入已知纯样品测定保留时间与未知试样测定色谱峰的保留时间，并对照定性，确定色谱图上各组分。

定量分析：因为芳烃异构体都能流出色谱柱，且在氢火焰离子化检测器上都有信号，故采用峰面积乘以相应的重量校正因子归一化法定量。其中峰面积是用峰高乘以半宽计算的，常见溶剂重量校正因子见表26.3。

表26.3 常见溶剂重量校正因子表

项目	苯	甲苯	乙苯	对二甲苯	间二甲苯	邻二甲苯
峰面积	—	—	120	75	140	105
重量校正因子	0.89	0.94	0.97	1.00	0.96	0.98
质量分数/%	—	—	27.0	17.5	31.3	24.1

思考题

（1）常用的气相色谱检测器有哪几种？简述其使用原理及应用范围。

（2）影响气相分离的因素有哪些？

（3）在色谱分析中，经常会出现色谱峰不对称的现象，除了进样量的影响外，还有什么影响因素？

第27章
煤炭中空干基水分、灰分的测定实验

27.1 实验目的

（1）掌握煤炭中空干基水分、灰分的测定方法。
（2）熟悉水分、灰分测试仪的构造、工作原理和主要特点。
（3）掌握仪器的使用方法。

27.2 实验原理

采用热重法测试，将加热设备与称量用的电子天平结合在一起，对受热过程中的试样予以称重，以此计算出试样的水分、灰分等工业分析指标。

27.2.1 水分

恒重测试：在110℃左右的炉区，使煤样空干基水分逸出，待到煤样质量恒定后，根据煤样失去的质量计算出水分百分比。

定时测试：不同的煤样，可自定义测试时间。根据自定义测试时间里煤样失去的质量计算出水分百分比。

27.2.2 灰分

恒重测试：在850℃左右的炉区，并有充足的氧气条件下，使煤样充分燃烧，待到煤样质量恒定后，根据其残留质量计算出煤样的灰分百分比。

定时测试：不同的煤样，自定义测试时间。根据自定义试验时间里煤样残留的质量计算出灰分百分比。

27.3 实验装置

水分、灰分测试仪（简称水灰测试仪）结构示意图如图27.1所示。

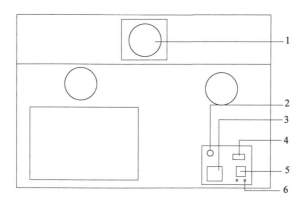

图 27.1　水灰测试仪结构示意图
1—排烟口；2—加热电源插座；3—断路保护器；4—通信接口；5—控制电源插座；6—进气嘴

27.4　实验步骤

（1）按顺序打开显示器、计算机、打印机、工业分析仪电源，在 Windows 引导后，用鼠标双击桌面上的"工业分析仪"图标，启动测试程序进入主界面。

（2）在水分、灰分测试界面提示窗口显示"系统初始化成功！"时，单击"测试"按钮开始测试，程序弹出数据输入框，一页可输入十个试样的数据，单击"翻页"按钮可切换输入。建议输入试样编号，同一试样使用相同编号，以便计算时查找数据。完成后单击"确认"按钮。程序控制仪器复位，此时在称样位置的试样位是零号。

（3）放置坩埚，提示窗口显示"放置坩埚，放好后请按键，全部放好后，单击'测试'按钮"。将一个干净的坩埚（最好是用高温炉预先灼烧）放入试样托盘的处于称样位置上方的坩埚孔中。放好后按一下仪器右下角的复位按钮。提示窗口显示"正在测坩埚质量，请稍等……"，等待下一步提示。

（4）当坩埚质量测好后，仪器会有一声"嘟"的提示音，提示窗口显示"请放样，用样勺取 0.9～1.1g 试样放入坩埚内，放好后请按键确认"，并在提示窗口下部用大字体实时显示当前坩埚内试样质量。放入试样，当试样质量符合要求时，按一下仪器右下角的复位按钮以示确认。仪器自动读取试样质量，并显示在列表中。样盘上升，并自动转到下一个孔。

（5）重复步骤（3）（4），全部试样放好后，单击测试界面"测试"按钮并确认。至此，测试水分、灰分的人工操作已经完成，其余的工作都是仪器自动完成。

注意：（1）必须先打开水分、灰分测试炉的电源，再启动水分、灰分测试界面。

（2）仪器工作时不能移动或拆卸。如需移动或拆卸，请关机，等炉温完全冷却后进行。

（3）移动本仪器时应保持平稳，不要拖动，避免振动和撞击。

（4）不要触摸仪器内高温和带电部位，以免烫伤和触电。

（5）仪器发生异常动作或温度异常时，请立即关闭电源。待炉温冷却后检修。

（6）要求使用冷却氧，不得使用电解氧。

（7）在放样过程中如果出现误操作，在没有按键确认前可单击测试界面中的"取消"按钮，可重新开始对当前样的操作。

(8) 启动测试程序后，任何时候都绝对不允许人工转动试样托盘。1号样必须是放置一个空的坩埚。

(9) 检查气路是否连接好，打开钢瓶总阀，将出气流量调至 0.2MPa。

27.5 数据处理

27.5.1 测试结果浏览

用鼠标点击"选项"菜单中的"数据浏览"项，或单击"结果浏览"按钮，弹出数据浏览窗口。

(1) 选定数据类型和测试日期。

(2) 在此窗口中可完成对结果数据的"删除""恢复""打印"等操作。在数据列表框中用鼠标点击选中数据，再单击右边相应的按钮，即可完成该项操作。

(3) 在"数据浏览"窗口显示的记录中，用鼠标选中需要删除的数据，再用鼠标点击"删除"按钮，系统显示一提示框询问是否删除记录，点击"是"确认后，系统将该记录作删除标记（在该记录的试验序号前显示"*"号）；选中已作删除标记的记录，再用鼠标点击"恢复"按钮，可去掉删除标记；退出"数据处理"窗口时，系统将彻底删除有删除标记的记录数据，不可再恢复。

27.5.2 热值计算

系统可根据试样的水分、挥发分、灰分、焦渣号等数据计算该试样的氢含量和发热量。用鼠标点击"选项"菜单中的"热值计算"项，系统弹出"热值计算"对话框，输入数据点击"计算"按钮，系统完成计算并提示是否存盘。点击"打印"按钮可打印计算结果。

27.6 实验报告

用鼠标点击"选项"菜单中的"综合报告"项，系统弹出"煤质分析"对话框；选定测试日期，输入试样编号，单击"查询"按钮。程序在数据库中查找该试样编号的测试数据并显示，然后单击"打印"按钮，可打印工业分析测试报告单，将报告单附于实验报告册中。

思考题

(1) 为什么使用冷却氧，不得使用电解氧？

(2) 列出干基灰分的计算过程。

第28章

煤炭中空干基挥发分的测定实验

28.1 实验目的

(1) 掌握煤炭中空干基挥发分的测定方法。
(2) 学习使用煤炭挥发分测试仪的操作方法。

28.2 实验原理

采用热重法测试,将加热设备与称量用的电子天平结合在一起,对受热过程中的试样予以称重,以此计算出试样的挥发分指标。在900℃炉区并隔绝空气的条件下(带盖隔绝空气),灼烧一定时间,根据一定时间里煤样失去的质量计算出挥发分百分比。

28.3 实验装置

本实验挥发分测试仪结构示意图如图28.1所示。

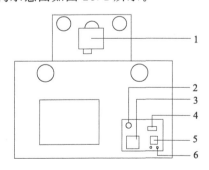

图 28.1 挥发分测试仪结构示意图
1—排烟口;2—仪器电源插座;3—断路保护器;
4—通信接口;5—控制电源插座;6—进气嘴

28.4 实验步骤

(1) 按顺序打开显示器、计算机、打印机、工业分析仪电源，在 Windows 引导后，用鼠标双击桌面上的"工业分析仪"图标，启动测试程序进入主界面。

(2) 在挥发分测试程序提示窗口显示"系统初始化成功！"时，单击"测试"按钮测试，程序弹出数据输入框：输入试样编号，同一试样使用相同编号，以便计算时查找数据。然后输入试样数量，点击"确认"按钮，仪器自动定位于"1"号样（空样）位置。并提示您放置坩埚。（如果提示窗口显示"系统初始化失败"，单击"测试"按钮将重新初始化）

(3) 放置坩埚，提示窗口显示"放置坩埚，放好后请按键，全部放好后，单击'测试'按钮"。将一个干净的挥发分坩埚（带盖）放入试样托盘的处于称样位置上方的坩埚孔中。放好后按一下仪器右下角的复位按钮。提示窗口显示"正在测坩埚质量，请稍等……"，等待下一步提示。

(4) 当坩埚质量测好后，仪器会有一声"嘟"的提示音，提示窗口显示"请取下坩埚盖，然后稍等……"。取下坩埚盖，等待天平稳定。

(5) 当天平稳定后，仪器会有一声"嘟"的提示音，提示窗口显示"请放样，用样勺取 0.9~1.1g 试样放入坩埚内，放好后请盖好坩埚再按键确认"，并在提示窗口下部用大字体实时显示当前坩埚内试样质量。放入试样，当试样质量符合要求不再变化时，盖好坩埚盖。天平读数稳定后，再按一下仪器左下角的复位按钮以示确认。仪器自动读取试样质量，并显示在列表中。样盘上升，并自动转到下一个孔。

(6) 重复步骤 (3)(4)(5)，全部试样放好后，单击测试界面"测试"按钮并确认。

至此，测试挥发分的人工操作已经完成，其余的工作都是仪器自动完成。

注意：(1) 必须先打开挥发分测试炉的电源，再启动挥发分测试界面。

(2) 仪器工作时不能移动或拆卸。如需移动或拆卸，请关机，等炉温完全冷却后进行。

(3) 移动本仪器时应保持平稳，不要拖动，避免振动和撞击。

(4) 不要触摸仪器内高温和带电部位，以免烫伤和触电。

(5) 仪器发生异常动作或温度异常时，请立即关闭电源。待炉温冷却后检修。

(6) 在放样过程中如果出现误操作，在没有按键确认前可单击测试界面中的"取消"按钮，可重新开始对当前样操作。

(7) 启动测试程序后，任何时候都绝对不允许人工转动试样托盘。

(8) 1号样必须是放置一个空的坩埚。

28.5 数据处理

由于水分和挥发分是分别在两个不同的高温炉中测得，挥发分测试时的报告没有考虑水分的挥发结果，必须重新计算空干基挥发分和干基挥发分。用鼠标点击"选项"菜单中的"挥发分复算"项，程序弹出"挥发分计算"对话框，选定测试日期和试验序号，程序显示该次测试的试样编号及挥发分，并自动在数据库查找相同试样编号的水分结果，如果有则计算平均值显示在空干基水分栏，如果没有则请输入空干基水分，单击"计算"按钮，计算出空干基挥发分和干基挥发分，并提示是否将数据存盘。

单击"打印"按钮，则可打印挥发分报告单。

28.6 实验报告

用鼠标点击"选项"菜单中的"综合报告"项，系统弹出如图28.2所示的"煤质分析"对话框。选定测试日期，输入试样编号，单击"查询"按钮。程序在数据库中查找该试样编号的测试数据并显示，然后单击"打印"按钮，可打印工业分析测试报告单。将报告单附于实验报告册中。

图 28.2　煤质分析图

思考题

列出计算空干基挥发分和干基挥发分的计算过程。

第 29 章

煤炭中硫的测定实验

29.1 实验目的

(1) 掌握库仑滴定法测定煤炭中硫的测定方法。
(2) 学习使用煤炭硫测定仪操作方法。

29.2 实验原理

29.2.1 库仑滴定法的定义

库仑滴定法是根据库仑定律提出来的,库仑定律也就是法拉第定律。即当电流通入电解液中,在电极下析出的物质的量与通过电解液的电量成正比。库仑滴定法有测量结果比较准确、操作简单、自动化程度高、试验时间短等优点,所以被广泛应用。

29.2.2 测定全硫含量的原理

根据库仑滴定法原理,煤样在 1150℃高温条件及催化剂的作用下,在净化过的空气流中燃烧,煤中各种形态的硫均被燃烧分解为 SO_2 和少量 SO_3 气体,而被净化过的空气流带到电解池内,生成 H_2SO_3 或少量 H_2SO_4,H_2SO_3 立即被电解液中的 I_2(Br_2)氧化成 H_2SO_4,结果溶液中的 I_2(Br_2)减少而 I^-(Br^-)增加,破坏了电解液的平衡状态,指示电极间的电位升高,仪器自动判断启动电解,并根据指示电极上的电位高低,控制与之对应的电解电流的大小与时间,使电解电极上生成的 I_2(Br_2)与 H_2SO_4 反应所消耗的数量相等,从而使电解液重新回到平衡状态,重复上述过程,直到试验结束。最后,仪器根据对电解产生 I_2(Br_2)所耗用电量的积分,再根据法拉第电解定律计算试样中全硫的含量。

全硫含量的计算公式为: $$S = \frac{C \times 16 \times 100}{96485 \times G}$$

式中 S——空干基的全硫,%;

C——电量,mC;

16——物质的摩尔质量，g/mol；
96485——法拉第常数，C/mol；
G——试样质量，mg。

29.3 实验装置

气路连接示意图如图 29.1 所示。

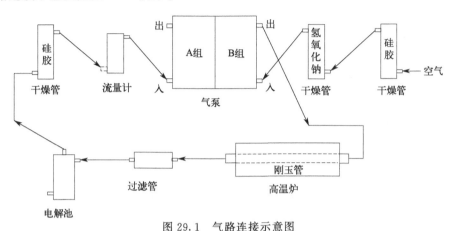

图 29.1 气路连接示意图

29.4 实验步骤

29.4.1 电解液的配制

称取 5g 碘化钾，5g 溴化钾，溶于 250～300mL 蒸馏水中，然后加 10mL 冰乙酸搅拌均匀即可。

29.4.2 实验操作步骤

(1) 按顺序打开打印机、计算机、测试仪主机的电源开关。接通高温炉电源，运行测试程序，用鼠标点击"电源开"按钮，开始给高温炉升温，温度自动升到 1150℃ 时系统将给出声音提示，并继续自动恒温。

(2) 打开放液管，开气泵将电解液吸入电解池，电解液一般不超过电极片上端 2cm。调整搅拌速度（在搅拌子不失步的情况下，搅拌速度快一些较好），试验过程中不允许改变搅拌速度，否则此次试验无效。最后调节流量计，使气流为 800～1000mL/min，在试验过程中应经常观察气流量，如过低则应调整。

(3) 称量样品 50mg 至瓷舟，并加少量催化剂三氧化钨。

(4) 当温度升温至 1150℃ 且平衡一段时间后，点窗口"试样"，输入"试样编号""试样重量"和"水分"，点击"添加"（如果错误，可修改、删除）。

(5) 点击"测试"回到测试界面，点击测试界面下面"测试"跳出界面，选择"序号"内样品序号，其他数据自动添加。然后样品舟放入石英舟，按"确定"，样品开始自动测试运行。[在测正式样前必须先做 1～2 个废样。如果电解液长时间不用，颜色很深，最好用硫含量较高的煤作废样,直到结果不为零且电解液颜色变浅为止,做废样目的是使电解液达到仪器所要求的平衡状态。一批试样最好连续做完,如中间间断比较长的时间(半小时以上),为确保准确度,最好在继续试验前加做一个废样。]

(6) 试验结束后,取出样品瓷舟,点击"数据"查询实验数据。

(7) 点击"电源开"至"电源关",停止加热,关闭载气系统。

(8) 把电导池内电解液放出,并用蒸馏水清洗电解池 2~3 次。待加热管温度降至 100℃左右时,关闭仪器电源。

(9) 在数据栏内打印数据,"退出"测试界面,关闭计算机,关闭总电源。

(10) 为了保证测试的准确度,建议采用平行样测试。

注意:(1) 工作场所周围无强烈振动源、气流、灰尘及强电磁干扰。

(2) 仪器工作时不能移动。如需移动,请在炉温完全冷却后进行。

(3) 不要触摸仪器内高温部分和带电部位,以免烫伤和触电。

(4) 试验过程中不允许改变搅拌速度,否则此次试验无效。

(5) 调节流量计,使气流量为 800~1000mL/min,检查气密性合格后再进入正常试验。在试验过程中应经常观察气流量,如过低则应调整。

(6) 为了使测试准确,启动仪器后应先做 1~2 个废样(不计重量、不计结果),使电解液达到平衡状态(电解液颜色呈浅黄色),然后才能开始试验。注意:新配的电解液必须做 1~2 个废样。

(7) 若测试时间间断较长(2h 以上),为保证测试的准确度,最好先加做 1 个废样再继续测试。当下一个所测试样不同时,最好也加做 1 个废样作为过渡,再继续正式测试。

29.5 数据处理

将空干基硫含量(S_{tad})填入表 29.1 中,并计算干基硫含量(S_{td})。

表 29.1 测试结果数据表

序号	样品名称	样品质量/mg	S_{tad}/%	S_{td}/%
1				
2				
3				

29.6 实验报告

(1) 计算出样品的测试结果,并进行误差分析。

(2) 对实验结果给出评价,并对可能影响实验结果的各种情况加以讨论。

思考题

(1) 为什么启动仪器后应先做 1~2 个废样?

(2) 实验中三氧化钨的作用是什么?

第30章
煤炭中碳氢的测定实验

30.1 实验目的

(1) 掌握煤炭中碳、氢元素含量的测定原理。
(2) 学习使用煤炭碳氢测定仪操作方法。

30.2 实验原理

一定量煤样在氧气流中燃烧，生成的水与五氧化二磷反应生成偏磷酸：
$$H_2O + P_2O_5 \longrightarrow 2HPO_3$$
电解偏磷酸：
阳极：$2PO_3^- - 2e^- \longrightarrow P_2O_5 + 1/2O_2$
阴极：$2H^+ + 2e^- \longrightarrow H_2$
随着电解的进行偏磷酸越来越少，电解生成的氧气和氢气随载气流排出，而五氧化二磷得以再生复原。其反应式如下：
$$2HPO_3 \longrightarrow H_2\uparrow + 1/2O_2\uparrow + P_2O_5$$
电解电流也随之下降，当降到终点电流时，控制器动作，电解结束。在电解过程中所消耗的电量，应用法拉第电解定律可计算出被测物质的质量 W。
$$W = \frac{M}{nF}\int_0^t i\,dt$$

式中　F——法拉第常数；
　　　M——被测物质的原子量，亦称摩尔质量；
　　　n——参加电极反应物质的电子转移数；
　　　i——电解电流；
　　　t——电解时间。
煤样燃烧生成的二氧化碳被二氧化碳吸收剂吸收：

$$2NaOH + CO_2 \longrightarrow Na_2CO_3 + H_2O$$

煤样燃烧后生成的硫氧化物和氯化物，用高锰酸银热解产物除去，氮氧化物用粒状二氧化锰除去，以消除它们对碳测定的干扰。

空气干燥基煤样的碳、氢质量百分数（%）按式(30.1)和式(30.2)计算：

$$C_{ad} = (0.2729 \times M)/G \times 100 \qquad (30.1)$$

$$H_{ad} = (M_1 - G_1)/(G \times 1000) \times 100 - 0.1119 M_{ad} \qquad (30.2)$$

式中 C_{ad}——空气干燥基煤样中碳的质量分数，%；

G——空气干燥基煤样的质量，g；

H_{ad}——空气干燥基煤样中氢的质量分数，%；

M——吸收二氧化碳 U 型管的增量，g；

M_1——电量积分器显示的氢值，mg；

G_1——电量积分器显示的氢空白值，mg；

0.2729——将二氧化碳折算成碳的因数；

0.1119——将水折算成氢的因数；

M_{ad}——煤样的空干基全水分，%。

30.3 实验装置

煤炭碳氢测试仪测试流程图见图 30.1。

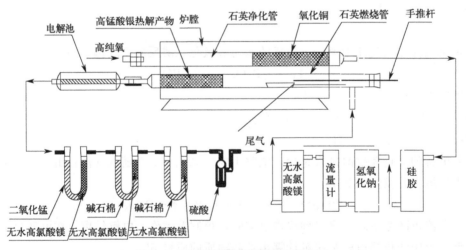

图 30.1 煤炭碳氢测试仪测试流程图

30.4 实验步骤

（1）打开碳氢测试仪电源，选定电解电源极性（每天应互换一次），打开工作站测试界面（具体以所用碳氢测试仪为准），设定碳氢测试仪燃烧炉 850℃，转化炉 300℃，开始升温。

（2）仪器气路气密性检查：将仪器气路按图 30.1 连接好。将所有的 U 型管磨口塞旋开，与仪器相连，接通氧气；调节氧气流量约为 80mL/min。然后关闭靠近气泡计处的 U 型管磨口塞，此时若氧气流量降至 20mL/min 以下，表明整个系统气密；否则，应逐个检查 U 型管的各个磨口塞，查出漏气处，予以解决。

（3）升温的同时，接上吸收二氧化碳的 U 型管（应先将 U 型管磨口开启）和气泡计。使氧气流量保持约为 80mL/min。在工作站测试界面，点击"涂膜"，开始为电解池涂膜，完成后系统提示"涂膜完成"。10min 后取下吸收二氧化碳的 U 型管，并关闭 U 型管磨口塞，在天平旁放置 10min 左右，称量。然后再与系统连接，重复上述试验，直到吸收二氧化碳的 U 型管质量变化不超过 0.0005g 为止。吸收二氧化碳 U 型管的恒重试验也可与氢空白值的测定同时进行。

（4）在炉温达到指定温度后，保持氧气流量约为 80mL/min。在一个预先灼烧过的燃烧舟中加入三氧化钨（质量与煤样分析时相当），打开带推棒的橡胶塞，放入燃烧舟，塞紧橡胶塞。用推棒直接将燃烧舟推到高温带，立即拉回推棒。点击"空白样"键。达到电解终点后，电脑显示氢质量。重复上述操作，直到相邻两次空白值测定值相差不超过 0.05mg，取这两次测定的平均值作为当天氢的空白值。

（5）将粒度小于 0.2mm 的空气干燥煤样混合均匀，在预先灼烧过的燃烧舟中称取 0.070~0.075g，并均匀平铺。在煤样上均匀地盖上一层三氧化钨。点击"测试"键，输入煤样质量和空干基水分。打开带推棒的橡胶塞，迅速将燃烧舟放入燃烧管入口处，塞上橡胶塞。用推棒推动燃烧舟，使其一半进入燃烧炉口。迅速点击"确认"键。煤样燃烧平稳后 30s，将全舟推入炉口，停留 2min 左右，再将燃烧舟推入高温带，并立即拉回推棒（不要将推棒红热部分拉到橡胶塞处）。

（6）试验结束后（10min 左右），记录本次试验的氢质量。此时可取下吸收 CO_2 的 U 型管，关闭其磨口塞，在天平旁放置约 10min 后称量。第二个吸收二氧化碳的 U 型管质量变化小于 0.0005g 时，计算时可忽略。计算出碳值。打开带推棒的橡胶塞，取出燃烧舟，塞上带推棒的橡胶塞。准备下个试验。

（7）点击数据处理，可以查看本次实验结果。同一样品开展实验两次，取平均值作为最终测试结果。

注意：（1）工作场所周围无强烈振动源、气流、灰尘及强电磁干扰。

（2）仪器工作时不能移动。如需移动，请在炉温完全冷却后进行。

（3）不要触摸仪器内高温部分和带电部位，以免烫伤和触电。

（4）调节流量计，使氧气流量为 80mL/min 左右，检查气密性合格后再进入正常试验。在试验过程中应经常观察气流量，如过低则应调整。检查气密性时间不宜过长，以免 U 型管磨口塞或气路连接处因系统内压力过大而弹开。

（5）当出现下列现象时，应更换 U 型管中的试剂，或清洗电解池。

① 某次试验后，第二个吸收二氧化碳 U 型管的质量增加 50mg 以上时，将其替换掉第一个吸收二氧化碳 U 型管。另接进一个新的吸收二氧化碳 U 型管在其后。

② 二氧化锰、无水高氯酸镁或无水氯化钙一般使用约 100 次应更换。

③ 电解池使用 100 次左右或发现电解有拖尾现象，应清洗电解池，重新涂膜。

30.5 数据处理

将实验数据记录至表 30.1。

表 30.1 测试结果数据表

序号	样品名称	样品质量/mg	M_{ad}/%	A_{ad}/%	H_{ad}/%	H_d/%	C_{ad}/%	C_d/%

注：A_{ad} 为空气干燥基煤样中灰分的质量分数；H_d 为干燥基煤样中氢的质量分数；C_d 为干燥基煤样中碳的质量分数。

30.6 实验报告

(1) 计算出样品的测试结果，并计算出干燥无灰基的氢元素和碳元素含量。
(2) 对实验结果给出评价，并对可能影响实验结果的各种情况加以讨论。

思考题

为什么某次试验后，第二个吸收二氧化碳 U 型管的质量增加 50mg 以上时，将其替换掉第一个吸收二氧化碳 U 型管，另接进一个新的吸收二氧化碳 U 型管在其后？

第31章
煤炭发热量的测定实验

31.1 实验目的

（1）掌握利用水灰仪测试数据及经验公式计算煤炭发热量的原理。
（2）了解煤炭发热量的表示方法。

31.2 实验原理

31.2.1 煤中水分的影响

煤的水分，是煤炭计价中的一个最基本指标。煤的水分直接影响煤的使用、运输和储存。煤的水分增加，煤中有用成分相对减少，且水分在燃烧时变成蒸汽要吸热，因而降低了煤的发热量。煤的水分增加，还增加了无效运输，并给卸车带来了困难。特别是冬季寒冷地区，经常发生冻车，影响卸车、生产、车皮周转，加剧了运输的紧张。煤的水分也容易引起煤炭粘仓而减小煤仓容量，甚至发生堵仓事故。随着矿井开采深度的增加，采掘机械化的发展和井下安全生产的加强，以及喷露洒水、煤层注水、综合防尘等措施的实施，原煤水分呈增加的趋势。为此，煤矿除在开采设计上和开采过程中的采煤、掘进、通风和运输等各个环节上制订减少煤的水分的措施外，还应在煤的地面加工中采取措施减少煤的水分。

31.2.2 发热量

煤的发热量又称煤炭大卡或煤的热值，是指单位质量的煤完全燃烧后所释放出的热能，用 kJ/g 或 MJ/kg 表示，可以根据输入的硫、氢、全水分等，仪器自动计算出煤的高位发热量、低位发热量及收到基低位发热量。

煤的高位发热量，即煤在空气中大气压条件下燃烧后所产生的热量。实际上是由实验室中测得的煤的弹筒发热量减去硫酸和硝酸生成热后得到的热量。煤的弹筒发热量是在恒容（弹筒内煤样燃烧室容积不变）条件下测得的，所以又叫恒容弹筒发热量。由恒容弹筒发热量折算出来的高位发热量又称为恒容高位发热量。由于煤炭发热量是煤炭质量分析的重要指标，因此做好煤炭指标中发热量的测定结果的准确性分析工作具有非常重要的理论和实际意义。

煤的低位发热量，是指煤在空气中大气压条件下燃烧后产生的热量，扣除煤中水分（煤中有机质中的氢燃烧后生成的氧化水，以及煤中的游离水和化合水）的汽化热（蒸发热），剩下的实际可以使用的热量。同样，实际上由恒容高位发热量算出的低位发热量，也叫恒容低位发热量，它与在空气中大气压条件下燃烧时的恒压低位热量之间也有较小的差别。

高位发热量与低位发热量的区别在于燃料燃烧产物中的水呈液态还是气态，水呈液态是高位热值，水呈气态是低位热值。低位热值等于从高位热值中扣除水蒸气的凝结热。燃料大都用于燃烧，各种炉窑的排烟温度均超过水蒸气的凝结温度，不可能使水蒸气的凝结热释放出来，所以在能源利用中一般都以燃料能应用的低位发热量作为计算基础。

31.2.3 发热量的经验计算法

在煤炭的实际检测中，水分、灰分、挥发分可以快速检测，根据这些指标及经验公式可以测算煤炭的发热量。

经验计算公式有：

$$Q_{net.ad} = 34814 - 24.7V_{ad} - 382.2A_{ad} - 563M_{ad} \tag{31.1}$$

$$Q_{net.ar} = Q_{net.ad} \times (100 - M_t)/(100 - M_{ad}) \tag{31.2}$$

$$Q_{gr.ad} = Q_{net.ad} + 206H_{ad} + 23M_{ad} \tag{31.3}$$

式中　$Q_{net.ad}$——空干基煤的低位发热量，J/g；
　　　$Q_{net.ar}$——收到基煤的低位发热量，J/g；
　　　$Q_{gr.ad}$——空干基煤的高位发热量，J/g；
　　　A_{ad}——分析试样空干基灰分，%；
　　　V_{ad}——分析试样空干基挥发分，%；
　　　M_{ad}——煤样的空干基全水分，%；
　　　M_t——煤样的收到基全水分，%；
　　　H_{ad}——煤样的空干基氢含量，%。

31.3　实验装置

本实验装置同煤炭中空干基水分、灰分的测定实验装置，见图27.1。

31.4　实验步骤

利用水灰测试仪测定煤炭空干基水分、灰分数据，系统可根据试样的水分、挥发分、灰分、焦渣号等数据计算该试样的氢含量和发热量。

31.5　数据处理

系统可根据试样的水分、挥发分、灰分、焦渣号等数据计算该试样的氢含量和发热量。

用鼠标点击"选项"菜单中的"热值计算"项，系统弹出如图31.1所示的"热值计算"对话框。

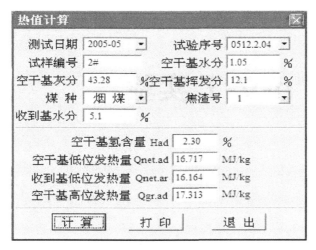

图 31.1　热值计算对话框

输入数据点击"计算"按钮，系统完成计算并提示是否存盘。点击"打印"按钮可打印计算结果。

31.6　实验报告

（1）利用试样测试的水分、挥发分、灰分、焦渣号等数据，根据式(31.1)、式(31.2)、式(31.3)，计算该试样的发热量。

（2）对照仪器得出的发热量值与计算值。

思考题

（1）简述经验法计算发热量的原理。

（2）简述弹筒发热量测试方法。为什么要用水灰测定仪测试水灰成分计算发热量，而不采用弹筒发热量法直接测量？简述两种方法的优缺点。

第32章
二氧化碳 p-V-T 实验

32.1 实验目的

（1）观察二氧化碳气体液化过程的状态变化和临界状态时气液突变现象，增加对临界状态概念的感性认识。

（2）加深对工质的热力状态、凝结、汽化、饱和状态等基本概念的理解。

（3）掌握二氧化碳的 p-V-T 关系的测定方法，学会用实验测定实际气体状态变化规律的方法和技巧。

（4）学会活塞式压力计、恒温器等部分热工仪器的正确使用方法。

32.2 实验原理

当简单可压缩系统处于平衡状态时，状态参数压力、体积和温度之间有确切的关系，可表示为：

$$F(p,V,T)=0 \tag{32.1}$$

或

$$V=f(p,T) \tag{32.2}$$

在维持恒温、压缩恒定质量气体的条件下，测量气体的压力与体积是实验测定气体 p-V-T 关系的基本方法之一。1863 年，安德鲁斯通过实验观察二氧化碳的等温压缩过程，阐明了气体液化的基本现象。

当维持温度不变时，测定气体的比容与压力的对应数值，就可以得到等温线的数据。

在低于临界温度时，实际气体的等温线有气、液相变的直线段，而理想气体的等温线是正双曲线，任何时候也不会出现直线段。只有在临界温度以上，实际气体的等温线才逐渐接近于理想气体的等温线。所以，理想气体的理论不能说明实际气体的气、液两相转变现象和临界状态。

二氧化碳的临界压力为 73.87bar（7.387MPa），临界温度为 31.1℃，低于临界温度时的等温线出现气、液相变的直线段，如图 32.1 所示。30.9℃是恰好能压缩得到液体二氧化碳的最高温度。在临界温度以上的等温线具有斜率转折点，直到 48.1℃才成为均匀的曲线（图中未标出）。图 32.1 右上角为空气按理想气体计算的等温线，供比较。

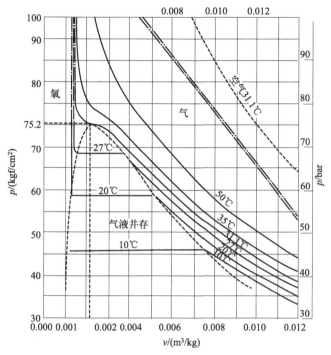

图 32.1　二氧化碳的 p-V-T 关系
1kgf＝9.80665N

1873 年范德瓦耳斯首先对理想气体状态方程式提出修正。他考虑了气体分子体积和分子之间的相互作用力的影响，提出如下修正方程：

$$\left(p+\frac{a}{V^2}\right)(V-b)=RT \tag{32.3}$$

或写成

$$pV^3-(bp+RT)V^2+aV-ab=0 \tag{32.4}$$

式中　p——压强；

V——气体体积；

R——摩尔气体常数；

T——温度，K；

a——与分子间引力有关的参数；

b——与分子间斥力有关的参数。

范德瓦耳斯方程式虽然还不够完善，但是它反映了物质气液两相的性质和两相转变的连续性。

式(32.4)表示等温线是一个 V 的三次方程，已知压力时方程有三个根。在温度较低时有三个不等的实根；在温度较高时有一个实根和两个虚根。得到三个相等实根的等温线上的点为临界点。于是，临界温度的等温线在临界点有转折点，满足如下条件：

$$\left(\frac{\partial p}{\partial V}\right)_T = 0 \tag{32.5}$$

$$\left(\frac{\partial^2 p}{\partial V^2}\right)_T = 0 \tag{32.6}$$

32.3 实验装置

(1) 整个实验装置由活塞式压力计、恒温器和压力体三大部分组成，如图32.2所示。

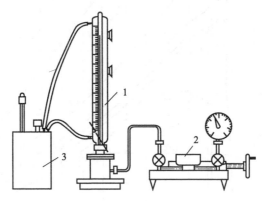

图 32.2　实验系统装置图
1—压力体；2—活塞式压力计；3—恒温器

(2) 实验中气体的压力由活塞式压力计的手轮来调节。压缩气体时，缓缓转动手轮以提高油压。气体的温度由恒温器给恒温水套供水而维持恒定，并由恒温水套内的温度计读出。

(3) 实验工质二氧化碳的压力由装在活塞式压力计上的压力表读出。比容首先由承压玻璃管内二氧化碳柱的高度来度量，然后再根据承压玻璃管内径均匀、截面积不变等条件换算得出。

(4) 玻璃恒温水套用以维持承压玻璃管内气体温度不变的条件，并且可以透过它观察气体的压缩过程。

32.4 实验步骤

(1) 按图32.3安装好实验设备。
(2) 使用恒温器调定温度

① 将蒸馏水注入恒温器内，使其离盖3~5cm。检查并接通电路，开动电动泵，使水循环对流。

② 旋转电接点温度计顶端的帽形磁铁调动凸轮示标，使凸轮上端面与所要调定的温度一致，并将帽形磁铁用横向螺钉锁紧，以防转动。

③ 视水温情况，自动开、关加热器，当水温未达到要调定的温度时，恒温器指示灯是亮的，当指示灯时亮时灭时，说明温度已达到所需的温度。

④ 观察玻璃水套上的温度计，若其读数与恒温器上的温度计及电接点温度计标定的温

度一致时（或基本一致时），则可（近似）认为承压玻璃管内的 CO_2 的温度处于所标定的温度。

⑤ 当需要改变试验温度时，重复②～④即可。

（3）加压步骤。因为活塞压力计的油缸容量比主容器容量小，需要多次从油杯里抽油，再向主容器充油，才能在压力表上显示压力读数。活塞压力计抽油、充油的操作过程非常重要，若操作失误，不但加不上压力，还会损坏实验设备，所以务必认真掌握如下步骤：

① 关闭压力表及进入本体油路的两个阀门，开启活塞压力计上油杯的进油阀；

② 摇退活塞压力计上的活塞螺杆，直至螺杆全部退出，这时活塞压力计油缸中抽满了油；

③ 先关闭油杯阀门，然后开启压力表和进入本体油路的两个阀门；

④ 摇进活塞螺杆，经本体充油，如此重复，直至压力表上有压力读数为止；

⑤ 再次检查油杯阀门是否关好，压力表及本体油路阀门是否开启，若已稳定，可进行实验。

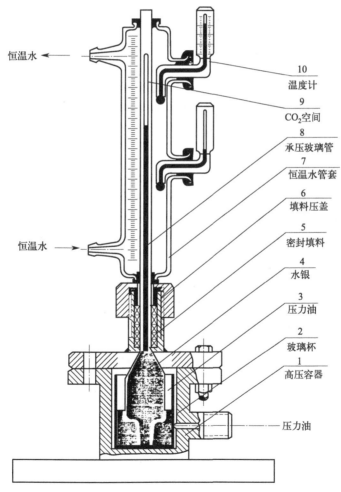

图 32.3　实验台本体

（4）测定等温线，观察压力变化过程中气体相态变化情况。

① 使用恒温器调定 $t=25℃$，并保持恒温；

② 压力记录从 4.5MPa 开始，当玻璃管内水银升起来后，应足够缓慢地摇进活塞螺杆，以保证等温条件，否则来不及平衡，读数不准；

③ 按照适当的压力间隔读取 Δh 值直至压力为 9.0MPa；

④ 注意加压后 CO_2 的变化，特别是注意饱和压力与温度的对应关系，液化、汽化等现象，要将测得的实验数据及观察到的现象一并填入数据记录表中；

⑤ 改变恒温器温度为 40℃，并保持恒温，重复以上实验操作，将读取的 Δh 值和观察到的实验数据计入数据记录表。

(5) 测定临界等温线和临界参数，观察临界现象。

① 使用恒温器调定 $t=31.1℃$，并保持恒温。

② 压力记录从 4.5MPa 开始，当玻璃管内水银升起来后，应足够缓慢地摇进活塞螺杆，以保证等温条件，否则来不及平衡，读数不准。

③ 按照适当的压力间隔读取 Δh 值直至压力为 9.0MPa。

④ 注意加压后 CO_2 的变化，特别是注意饱和压力与温度的对应关系，液化、汽化等现象，要将测得的实验数据及观察到的现象一并填入数据记录表。

⑤ 找出该曲线拐点处的临界压力 p_c 和临界比容 v_c，并将数据填入数据记录表。

⑥ 观察临界现象。

a. 临界乳光现象。保持临界温度不变，摇进活塞杆使压力升至 78at（7.6MPa）附近处，然后突然摇退活塞杆（注意勿使实验本体晃动）降压，在此瞬间玻璃管内将出现圆锥状的乳白色的闪光现象，这就是临界乳光现象，这是由于 CO_2 分子受重力场作用沿高度分布不均和光的散射所造成的。

b. 整体相变现象。由于在临界点时，汽化热等于零，饱和气线和饱和液线合于一点，所以这时气液的相互转变不是像临界温度以下时那样逐渐积累，需要一定的时间，表现为一个渐变的过程，而这时当压力稍变化时，气、液是以突变的形式相互转化。

c. 气、液两相模糊不清现象。处于临界点的 CO_2 具有共同的参数（p，V，T），因而是不能区别此时 CO_2 是气态还是液态。如果说它是气体，那么这个气体是接近了液态的气体；如果说它是液体，那么这个液体又是接近气态的液体。下面就用实验来证明这个结论。

因为这时是处于临界温度下，如按等温过程来进行使 CO_2 压缩或膨胀，那么管内是什么也看不到的。现在我们按绝热过程来进行。首先在压力等于 78at（7.6MPa）附近突然降压，CO_2 状态点由等温线沿绝热线降到液区，管内 CO_2 出现了明显的液面，这就说明，如果这时管内的 CO_2 是气体，那么这种气体离液区很接近，可以说是接近液态的气体；当我们在膨胀之后，突然压缩 CO_2 时，这个液面又立即消失了，这就告诉我们这时的 CO_2 液体离气区也是非常近的，可以说是接近气态的液体，既然此时 CO_2 既接近气态又接近液态，所以只能处于临界点附近。这种饱和气、液分不清的现象，就是临界点附近饱和气、液模糊不清现象。

注意：(1) 做等温线时，实验压力 $p≤100at$，实验温度 $t≤50℃$；

(2) 一般 Δh 可取 2～5at 对应的汞柱高度，但在接近饱和状态和临界状态时，压力间隔应取 0.5at 对应的汞柱高度；

(3) 实验中读取水银柱液面高度 h 时，应使视线与水银柱半圆形液面的中间平齐。

32.5 数据处理

将实验过程记录的数据及实验现象汇总至表 32.1 和表 32.2。

表 32.1 CO_2 等温实验数据记录

p /MPa	Δh/mm			$v=\dfrac{\Delta h}{k}$/(m³/kg)			现象		
	$t_1=$	$t_2=$	$t_3=$	$t_1=$	$t_2=$	$t_3=$	$t_1=$	$t_2=$	$t_3=$

表 32.2 实测临界值数据记录

标准临界比容值 /(m³/kg)	实测临界比容值 v_c 和准临界比容值/(m³/kg)	实测临界压力值 p_c/MPa

附：测定承压玻璃管内 CO_2 的质面比常数 k 值。

由于充进承压玻璃管内的 CO_2 质量不便测量，而玻璃管内径或截面积 A 又不易测准，因而实验中采用间接方法来测定 CO_2 的比容 v。CO_2 的比容 v 与其高度是一种线性关系，具体算法如下：

(1) 已知 CO_2 液体在 20℃，100at 时的比容为

$$v(20℃,100at)=0.00117(m^3/kg) \tag{32.7}$$

(2) 实地测出 CO_2 在 20℃，100at 时的液柱高度 Δh^* (m)，其值为

$$\Delta h^*=0.035(m) \tag{32.8}$$

(3) 由 (1) 可知，因为

$$v(20℃,100at)=\frac{\Delta h^* A}{m}=0.00117(m^3/kg) \tag{32.9}$$

所以

$$\frac{m}{A}=\frac{\Delta h^*}{0.00117}=k(kg/m^2) \tag{32.10}$$

即

$$k=\frac{\Delta h^*}{0.00117}=\frac{0.035}{0.00117}=29.9145(kg/m^2) \tag{32.11}$$

总之，对于任意温度、压力下的比容 v 为：

$$v=\frac{\Delta h}{m/A}=\frac{\Delta h}{k}(m^3/kg) \tag{32.12}$$

$$\Delta h=h-h_0$$

式中 h——任意温度、压力下水银柱的高度，m；

h_0——承压玻璃管内径顶端的刻度，m；

m——玻璃管内 CO_2 的质量,kg;

A——玻璃管内截面积,m^2;

k——玻璃管内 CO_2 的质面比常数,kg/m^2。

32.6 实验报告

根据实验结果,以 p 和 v 为坐标轴,绘制二氧化碳等温曲线,并加以分析。

思考题

(1) 实验中为什么要保持加压或降压过程的缓慢进行?

(2) 实验过程中产生误差的因素可能有哪些?

第33章
双循环玻璃气液相平衡实验

33.1 实验目的

（1）测定环己烷-乙醇二元体系的气液平衡数据。
（2）通过实验了解 Ellis 平衡釜的结构，掌握气液平衡数据的测定方法和技能。
（3）掌握二元系统气液平衡相图的绘制。

33.2 实验原理

双循环法测定气液平衡数据的平衡器类型很多，但基本原理是一致的。如图 33.1 所示，通过蒸汽和液体循环，当体系达到平衡时，容器 A、B 中的组成不随时间发生变化，这时从两容器中取样分析，即可得到一组气液平衡实验数据。

本实验测定的环己烷-乙醇二元气液恒压相图，如图 33.2 所示。图中横坐标表示二元系统的组成（以 B 的摩尔分数表示），纵坐标为温度。显然曲线的两个端点 t_A^*、t_B^*，即指在恒压下纯 A 与纯 B 的沸点。若溶液原始的组成为 x_0，当它沸腾达到气液平衡的温度为 t_1 时，其平衡气液相组成分别为 y_1 与 x_1。用不同组成的溶液进行测定，可得一系列 t-x-y 数据，据此画出一张由液相线与气相线组成的完整相图。图 33.2 的特点是当系统组成为 x_e 时，沸腾温度为 t_e，平衡的气相组成与液相组成相同。因为 t_e 是所有组成中的沸点最低者，所以这类相图称为具有最低恒沸点的气液平衡相图。

分析气液两相组成的方法很多，有化学方法和物理方法。本实验用阿贝折射仪测定溶液的折射率以确定其组成。因为在一定温度下，纯物质具有一定的折射率，所以两种物质互溶形成溶液后，溶液的折射率就与其组成有一定的关系。预先测定一定温度下一系列已知组成的溶液的折射率，得到折射率组成对照表。以后即可根据待测溶液的折射率，由此表确定其组成。

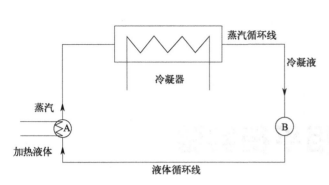

图 33.1 双循环法测定气液平衡原理示意图

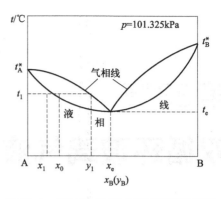

图 33.2 环己烷-乙醇二元气液恒压相图

33.3 实验装置

（1）仪器：玻璃气液平衡装置 1 套（图 33.3）；阿贝折射仪及配套的冷水循环泵各 1 台；500mL 干燥清洁的烧杯 9 个；1mL 注射器 22 支、5mL 注射器 2 支（或者 22 个胶头滴管）；电子天平一台。

（2）试剂：无水乙醇、环己烷，均为分析纯试剂。

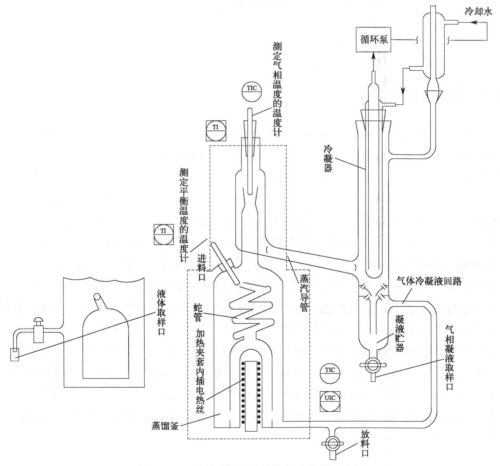

图 33.3 Ellis 气液两相双循环玻璃型平衡器

33.4 实验步骤

(1) 将预先配制好的一定组成的环己烷-乙醇溶液（溶液配制见表33.1），缓缓加入蒸馏器中，使液面略低于蛇管喷口，蛇管的大部分浸在溶液之中。

表 33.1 溶液配制规格表

项目	0	1	2	3	4	5	6	7	8	9	10
环己烷质量/g	0	10	23	48	103	174	236	245	247	249	250
乙醇质量/g	250	240	227	202	147	76	14	5	3	1	0

注：在实验过程中配制时，需要称量精度准确到0.01g。

(2) 设定加热功率为满功率的15%，上保温60℃，下保温60℃。同时在冷凝管中通以冷却水。

(3) 加热一定时间后溶液开始沸腾，气、液两相混合物经蛇管口喷于温度计底部；同时可见气相冷凝液滴入接收器。为了防止蒸汽过早冷凝，可通过上保温电热丝加热，要求气相温度比液相温度稍高。控制加热器功率，使冷凝液产生速度为60～100滴/min。调节上下保温电热丝电压，以蒸馏器的器壁上不产生冷凝液滴为宜。

(4) 待液相温度约恒定15min后，可认为气、液相间已达平衡，记下液相温度计读数，即为气、液平衡的温度，填入数据记录表。

(5) 从液体和气体取样口同时取样约1mL，稍冷却后测定其折射率，填入数据记录表。

(6) 实验结束，关闭所有加热元件。待溶液冷却后，将溶液放回原来的溶液瓶，关闭冷却水。

33.5 数据处理

将实验过程中的相关数据记入表33.2和表33.3中。

表 33.2 实验原始数据记录表

二元系统气液平衡标准数据（_____kPa）

阿贝折射仪温度 $T=$

$M_{环己烷}=84.1613 \text{g/mol}$ $T_{环己烷}=80.72℃$

$M_{乙醇}=46.069 \text{g/mol}$ $T_{乙醇}=78.29℃$

溶液编号	0	1	2	3	4	5	6	7	8	9	10
环己烷质量/g											
乙醇质量/g											
环己烷质量分数											
环己烷摩尔分数 x											
液体折射率 n_d											

其中：

$$环己烷质量分数 = \frac{环己烷质量}{环己烷质量+乙醇质量}$$

$$环己烷摩尔分数 = \frac{\dfrac{环己烷质量}{M_{环己烷}}}{\dfrac{环己烷质量}{M_{环己烷}} + \dfrac{乙醇质量}{M_{乙醇}}}$$

环己烷组成与折射率关系：$x = 85.874n^2 - 223.69n + 145.39$

表 33.3 气液平衡数据表

编号	$x_{环己烷}$	气相冷凝分析		液相分析		沸点/℃
		折射率	$y_{环己烷}$	折射率	$x_{环己烷}$	
0						
1						
2						
3						
4						
5						
6						
7						
8						
9						
10						

环己烷-乙醇混合液两相平衡数据（   kPa）

33.6 实验报告

利用所测气液平衡数据，在坐标纸上绘制环己烷-乙醇混合物 t-x-y 图，并进行分析。

思考题

样品混合液测定时，是否可以粗略配制不同乙醇体积分数的溶液，为什么？

附 录

附录1 相关系数检验表

$n-2$	5%	1%	$n-2$	5%	1%	$n-2$	5%	1%
1	0.997	1.000	16	0.468	0.590	35	0.325	0.418
2	0.950	0.990	17	0.456	0.575	40	0.304	0.393
3	0.878	0.959	18	0.444	0.561	45	0.288	0.372
4	0.811	0.917	19	0.433	0.549	50	0.273	0.354
5	0.754	0.874	20	0.423	0.537	60	0.250	0.325
6	0.707	0.834	21	0.413	0.526	70	0.232	0.302
7	0.666	0.798	22	0.404	0.515	80	0.217	0.283
8	0.632	0.765	23	0.396	0.505	90	0.205	0.267
9	0.602	0.735	24	0.388	0.496	100	0.195	0.254
10	0.576	0.708	25	0.381	0.487	125	0.174	0.228
11	0.553	0.684	26	0.374	0.478	150	0.159	0.208
12	0.532	0.661	27	0.367	0.470	200	0.138	0.181
13	0.514	0.641	28	0.361	0.463	300	0.113	0.148
14	0.497	0.623	29	0.355	0.456	400	0.098	0.128
15	0.482	0.606	30	0.349	0.449	1000	0.062	0.081

附录2 饱和水的物理性质

温度 (t) /℃	饱和蒸气压 (p) /kPa	密度 (ρ) /(kg/m^3)	比焓 (H) /(kJ/kg)	热导率 ($\lambda \times 10^2$) /[W/(m·K)]	黏度 ($\mu \times 10^5$) /(Pa·s)	体积膨胀系数 ($\beta \times 10^4$) /K^{-1}	表面张力 ($\sigma \times 10^4$) /(N/m)	普朗特数 Pr
0	0.611	999.9	0	55.13	179.21	−0.63	756.4	13.67
10	1.227	999.7	42.04	57.45	130.77	0.70	741.6	9.52
20	2.338	998.2	83.91	59.89	100.50	1.82	726.9	7.02
30	4.241	995.7	125.7	61.76	80.07	3.21	712.2	5.42
40	7.375	992.2	167.5	63.38	65.60	3.87	696.5	4.31
50	12.34	988.1	209.3	64.78	54.94	4.49	676.9	3.54
60	19.92	983.1	251.1	65.94	46.88	5.11	662.2	2.99
70	31.16	977.8	293.0	66.76	40.61	5.70	643.5	2.55
80	47.36	971.8	335.0	67.45	35.65	6.32	625.9	2.21
90	70.11	965.3	377.0	68.04	34.65	6.95	607.2	1.95
100	101.3	958.4	419.1	68.27	28.38	7.52	588.6	1.75

附录3 水的比热容

单位：kJ/(kg·K)

温度 /℃	不同压强下的比热容					
	常压	1MPa	10MPa	20MPa	30MPa	40MPa
0	4.216	4.210	4.166	4.256	3.836	5.404
10	4.191	4.188	4.158	4.251	3.833	5.398
20	4.183	4.179	4.154	4.251	3.833	5.396
30	4.178	4.176	4.154	4.251	3.837	5.404
40	4.178	4.176	4.154	4.255	3.846	5.416
50	4.178	4.177	4.158	4.259	3.854	5.426
60	4.183	4.181	4.162	4.264	3.857	5.431
70	4.187	4.184	4.166	4.272	3.862	5.435
80	4.195	4.194	4.175	4.277	3.869	5.448
90	4.204	4.202	4.183	4.285	3.873	5.454
100	4.212	4.210	4.191	4.294	3.885	5.466
110	4.237	4.234	4.208	4.307	3.892	5.484
120	4.245	4.243	4.221	4.324	3.908	5.500
130	4.258	4.258	4.242	4.342	3.924	5.520
140	4.275	4.275	4.262	4.363	3.939	5.542
150	4.287	4.288	4.283	4.385	3.955	5.564
160	4.304	4.308	4.309	4.406	3.979	5.594
170	4.317	4.323	4.338	4.432	3.998	5.622
180	4.333	4.343	4.371	4.463	4.021	5.653
190	4.354	4.368	4.409	4.493	4.044	5.689
200	4.371	4.390	4.451	4.532	4.076	5.729
210	4.438	4.454	4.501	4.576	4.106	5.777
220	4.509	4.524	4.556	4.624	4.144	5.831
230	4.543	4.563	4.619	4.680	4.187	5.887
240	4.580	4.609	4.698	4.745	4.233	5.959
250	4.618	4.659	4.786	4.815	4.290	6.036
260	4.660	4.715	4.899	4.907	4.348	6.124
270	4.689	4.765	5.033	5.015	4.425	6.227
280	4.744	4.843	5.197	5.142	4.513	6.348
290	4.790	4.923	5.402	5.295	4.616	6.492
300	4.836	5.026	5.708	5.502	4.735	6.675
310				5.587	5.257	5.037
320				5.874	5.465	5.186
330				6.333	5.721	5.351
340				7.062	6.054	5.544
350				8.325	6.521	5.787
360				12.35	7.246	6.039

附录4 水的汽化热

温度/℃	0	2	4	6	8	10	12	14	16	18
ΔH/(J/mol)	44870	44795	44715	44635	44556	44476	44397	44317	44238	44158
温度/℃	20	22	24	26	28	30	32	34	36	38
ΔH/(J/mol)	44079	44003	43924	43635	43760	43681	43601	43518	43438	43354
温度/℃	40	42	44	46	48	50	52	54	56	58
ΔH/(J/mol)	43207	43125	43038	42955	42868	42782	42699	42612	42529	42447
温度/℃	60	62	64	66	68	70	72	74	76	78
ΔH/(J/mol)	42416	42329	42241	42153	42065	41973	41885	41797	41709	41621
温度/℃	80	82	84	86	88	90	92	94	96	98
ΔH/(J/mol)	41529	41441	41349	41257	41165	41068	40976	40884	40788	40692
温度/℃	100	102	104	106	108	110	112	114	116	118
ΔH/(J/mol)	40599	40499	40407	40311	40214	40114	40013	39913	39808	39708
温度/℃	120	122	124	126	128	130	132	134	136	138
ΔH/(J/mol)	39607	39507	39398	39293	39188	39084	38983	38879	38766	38661
温度/℃	140	142	144	146	148	150	152	154	156	158
ΔH/(J/mol)	38548	38443	38330	38217	38104	37991	37878	37765	37652	37539
温度/℃	160	162	164	166	168	170	172	174	176	178
ΔH/(J/mol)	37417	37296	37183	37070	36949	36831	36710	36588	36467	36346
温度/℃	180	182	184	186	188	190	192	194	196	198
ΔH/(J/mol)	36220	36099	35973	35852	35722	35596	35466	35341	35211	35085

附录5 醇类液体的比热容

单位：J/(mol·K)

名称	不同温度下的比热容										
	−100℃	−80℃	−60℃	−40℃	−20℃	0℃	20℃	40℃	60℃	80℃	100℃
甲醇		69.71	70.38	71.59	73.44	75.19	79.26	83.32	88.3	94.29	101.3
乙醇	86.58	88.59	90.02	93.11	97.34	102.8	109.4	117.5	127.1	138.5	151.5
1-丙醇	108.6	111	115.8	121.5	127.3	133.1	141.5	149.8	161.8	173.8	177.8
异丙醇		110.3	114.6	120.1	127.7	137.7	151.1	167.6	186.7	200.8	213.4
丁醇		136.6	140.6	145.7	152.7	161.8	173.8	188.5	193.7	198.3	203.2
仲丁醇	147.5	155.2	162.6	169.7	176.6	183.3	194.1	196.5	203.3	210.4	218
叔丁醇											226.6
异丁醇	128.1	131.7	136.4	142.6	151.1	162.4	174.7	194.5	213.7		
1-戊醇			167.1	172.8	180.4	190.8	204.5	221.1	214.4	258.4	275.5
异戊醇			174.3	183.5	192.4	201.1	209.5	217.7	225.9	234.2	242.7
1-己醇				180.1	187.4	202.4	216.9	237.4	250	257.7	265.9
1-庚醇					253.9	260.4	267.2	275	283.1	291.7	300.6
1-辛醇						271.9	280.3	289.1	298.2	307.7	317.4

续表

名称	不同温度下的比热容										
	120℃	140℃	160℃	180℃	200℃	220℃	240℃	260℃	280℃	300℃	320℃
甲醇											
乙醇	160.8	165.7	174.6	189.3	220.4						
1-丙醇	182.4	1877	194.3	202.8	215.2	237					
异丙醇	225	236.3	247.4	257.7	267.2						
丁醇	208.4	214.1	220.4	227.8	236.8	249	268.4				
仲丁醇	226.3	235.5	246	258	271.8	287.8					
叔丁醇	237.3	249.3	263	278.7	296.9						
异丁醇											
1-戊醇											
异戊醇	251.5	260.8	270.8	281.7	293.8	307.4	322.6				
1-己醇	274.7	283.9	293.7	304.4	316.1	329.7	346	367.3	399		
1-庚醇	310	319.9	330.3	341.3	353.3	366.4	381.3	399.1	422.1	455.5	
1-辛醇	327.5	337.9	348.5	359.6	371.1	383.3	396.4	411	427.8	448.6	477.3

附录6 醇类的汽化热

单位：kJ/mol

名称	不同温度下的汽化热										
	−100℃	−80℃	−60℃	−40℃	−20℃	0℃	20℃	40℃	60℃	80℃	100℃
甲醇		43.63	42.87	41.99	40.97	39.83	38.57	37.18	35.65	33.98	32.15
乙醇	50.66	49.90	48.99	47.93	46.73	45.39	43.91	42.30	40.53	38.61	36.51
异丙醇		53.03	51.96	50.73	49.34	47.80	46.12	44.28	42.29	40.11	37.75
丁醇		57.73	56.87	55.85	54.70	53.42	52.00	50.45	48.77	46.95	44.99
仲丁醇	55.15	54.37	53.43	52.34	51.10	49.73	48.23	46.59	44.80	42.87	40.77
叔丁醇								43.51	41.51	39.34	36.98
异丁醇	57.00	55.84	54.64	53.39	52.09	50.74	49.32	47.83	46.25	44.59	42.81
1-戊醇			58.93	57.73	56.48	55.18	53.83	52.42	50.95	49.40	47.76
异戊醇			59.90	58.62	57.29	55.91	54.47	52.97	51.39	49.72	47.96
1-己醇				65.37	64.25	62.99	61.60	60.08	58.44	56.67	54.77
1-庚醇					64.89	63.72	62.43	61.01	59.48	57.84	56.07
1-辛醇					66.06		64.75	63.40	61.99	60.54	59.01

名称	不同温度下的汽化热										
	120℃	140℃	160℃	180℃	200℃	220℃	240℃	260℃	280℃	300℃	320℃
甲醇	30.14	27.91	25.40	22.52	19.08	14.52					
乙醇	34.21	31.69	28.88	25.69	21.93	17.11	8.302	0.243			
异丙醇	35.17	32.32	29.14	25.51	21.14	15.19					
丁醇	42.88	40.59	38.11	35.41	32.43	29.08	25.22	20.47	13.44		
仲丁醇	38.50	36.03	33.32	30.31	26.91	22.91	17.81	8.453			
叔丁醇	34.39	31.55	28.36	24.71	20.29	14.12					
异丁醇	40.90	38.83	36.55	34.02	31.12	27.68	23.32	16.86			
1-戊醇	46.03	44.17	42.18	40.02	37.65	34.99	31.95	28.33	23.70	16.67	
异戊醇	46.08	44.07	41.88	39.49	36.83	33.80	30.28	25.79	19.46		
1-己醇	52.73	50.55	48.21	45.70	43.01	40.08	36.88	33.33	29.30	24.48	18.04
1-庚醇	54.18	52.16	50.02	49.81	45.26	42.62	39.77	36.66	33.23	29.35	24.77
1-辛醇	57.43	55.76	54.01	52.15	50.18	48.07	45.80	43.31	40.57	37.47	33.88

附录7 乙醇-水溶液平衡数据（$p=101.325$ kPa）

液相组成		气相组成		沸点/℃	液相组成		气相组成		沸点/℃
质量分数/%	摩尔分数/%	质量分数/%	摩尔分数/%		质量分数/%	摩尔分数/%	质量分数/%	摩尔分数/%	
2.00	0.79	19.7	8.76	97.65	50.00	28.12	77.0	56.71	81.90
4.00	1.61	33.3	16.34	95.80	52.00	29.80	77.5	57.41	81.70
6.00	2.34	41.0	21.45	94.15	54.00	31.47	78.0	58.11	81.50
8.00	3.29	47.6	26.21	92.60	56.00	33.24	78.5	58.78	81.30
10.00	4.16	52.2	29.92	91.30	58.00	35.09	79.0	59.55	81.20
12.00	5.07	55.8	33.06	90.50	60.00	36.98	79.5	60.29	81.00
14.00	5.98	58.8	35.83	89.20	62.00	38.95	80.0	61.02	80.85
16.00	6.86	61.1	38.06	88.30	64.00	41.02	80.5	61.61	80.65
18.00	7.95	63.2	40.18	87.70	66.00	43.17	81.0	62.52	80.50
20.00	8.92	65.0	42.09	87.00	68.00	45.41	81.6	63.43	80.40
22.00	9.93	66.6	43.82	86.40	70.00	47.74	82.1	64.21	80.20
24.00	11.00	68.0	45.41	85.95	72.00	50.16	82.8	65.34	80.00
26.00	12.08	69.3	46.90	85.40	74.00	52.68	83.4	66.28	79.85
28.00	13.19	70.3	48.08	85.00	76.00	55.34	84.1	67.42	79.72
30.00	14.35	71.3	49.30	84.70	78.00	58.11	84.9	68.76	79.65
32.00	15.55	72.1	50.27	84.30	80.00	61.02	85.8	70.29	79.50
34.00	16.77	72.9	51.27	83.85	82.00	64.05	86.7	71.86	79.30
36.00	18.03	73.5	52.04	83.70	84.00	67.27	87.7	73.61	79.10
38.00	19.34	74.0	52.68	83.40	86.00	70.63	88.9	75.82	78.85
40.00	20.68	74.6	53.46	83.10	88.00	74.15	90.1	78.00	78.65
42.00	22.07	75.1	54.12	82.65	90.00	77.88	91.3	80.42	78.50
44.00	23.51	75.6	54.80	82.50	92.00	81.83	92.7	83.26	78.30
46.00	25.00	76.1	55.48	82.35	94.00	85.97	94.2	86.40	78.20
48.00	26.53	76.5	56.03	82.15	95.57	89.41	95.57	89.41	78.15

附录8 乙醇-正丙醇在常压下的气液平衡数据

温度/℃	乙醇在液相中的摩尔分数 x/%	乙醇在气相中的摩尔分数 y/%
97.16	0.00	0.00
93.85	12.60	24.00
92.66	18.80	31.80
91.60	21.00	33.90
88.32	35.80	55.00
86.25	46.10	65.00
84.98	54.60	71.10
84.13	60.00	76.00
83.06	66.30	79.90
80.59	84.40	91.40
78.38	100.00	100.00

附录9 乙醇折射率-浓度对照表

w_e	不同温度下的 n_D				x
	318.15K	308.15K	298.15K	288.15K	
0.00000	1.32979	1.33128	1.33248	1.33339	0.00000
0.02468	1.33124	1.33282	1.33402	1.33491	0.00980
0.05380	1.33301	1.33455	1.33587	1.33686	0.02176
0.07815	1.33449	1.33619	1.33765	1.33854	0.03211
0.10141	1.33580	1.33771	1.33915	1.34032	0.04229
0.12493	1.33736	1.33923	1.34095	1.34209	0.05291
0.15278	1.33895	1.34104	1.34294	1.34443	0.06591
0.17780	1.34054	1.34272	1.34475	1.34627	0.07802
0.20363	1.34180	1.34435	1.34651	1.34829	0.09096
0.22496	1.34311	1.34551	1.34781	1.34976	0.10199
0.24696	1.34418	1.34682	1.34934	1.35137	0.11373
0.26993	1.34519	1.34790	1.35056	1.35281	0.12639
0.29554	1.34640	1.34922	1.35212	1.35435	0.14101
0.32414	1.34772	1.35053	1.35363	1.35595	0.15801
0.34680	1.34853	1.35164	1.35460	1.35720	0.17202
0.37231	1.34932	1.35252	1.35567	1.35843	0.18838
0.39592	1.34997	1.35342	1.35665	1.35970	0.20412
0.42546	1.35103	1.35448	1.35765	1.36073	0.22467
0.44625	1.35147	1.35501	1.35831	1.36161	0.23974
0.47353	1.35212	1.35566	1.35919	1.36235	0.26033
0.49690	1.35251	1.35620	1.35969	1.36316	0.27875
0.52386	1.35301	1.35667	1.36042	1.36378	0.30095
0.54583	1.35330	1.35731	1.36078	1.36431	0.31986
0.57086	1.35369	1.35770	1.36134	1.36482	0.34233
0.59716	1.35385	1.35801	1.36186	1.36547	0.36711
0.62033	1.35417	1.35825	1.36199	1.36582	0.39000
0.64668	1.35430	1.35839	1.36243	1.36603	0.41732
0.66942	1.35455	1.35867	1.36263	1.36636	0.44208
0.69588	1.35454	1.35875	1.36288	1.36665	0.47240
0.71869	1.35469	1.35892	1.36306	1.36663	0.49993
0.74940	1.35471	1.35895	1.36313	1.36702	0.53921
0.76719	1.35475	1.35902	1.36317	1.36703	0.56322
0.79926	1.35484	1.35879	1.36318	1.36694	0.60907
0.81874	1.35478	1.35887	1.36320	1.36705	0.63866
0.84506	1.35457	1.35860	1.36289	1.36683	0.68094
0.86696	1.35421	1.35844	1.36278	1.36684	0.71831
0.90278	1.35374	1.35782	1.36230	1.36637	0.78419
0.92349	1.35333	1.35743	1.36196	1.36603	0.82527
0.94813	1.35255	1.35677	1.36123	1.36528	0.87734
0.97516	1.35171	1.35590	1.36037	1.36454	0.93888
1.00000	1.35068	1.35477	1.35922	1.36344	1.00000

附录 10 乙醇-正丙醇的折射率与溶液浓度的关系

乙醇的质量分数	不同温度下的折射率		
	25℃	30℃	35℃
0.0000	1.3827	1.3809	1.3790
0.0505	1.3815	1.3796	1.3775
0.0998	1.3797	1.3784	1.3762
0.1974	1.3770	1.3759	1.3740
0.2950	1.3750	1.3735	1.3719
0.3977	1.3730	1.3712	1.3692
0.4970	1.3705	1.3690	1.3670
0.5990	1.3680	1.3668	1.3650
0.6445	1.3667	1.3657	1.3634
0.7101	1.3658	1.3640	1.3620
0.7983	1.3640	1.3620	1.3600
0.8442	1.3628	1.3607	1.3590
0.9064	1.3618	1.3593	1.3573
0.9509	1.3606	1.3584	1.3563
1.0000	1.3589	1.3574	1.3551

附录 11 25℃环己烷-乙醇溶液折射率与组成关系

乙醇摩尔分数	环己烷摩尔分数	n_D^{25}
1.00	0.0	1.35935
0.8992	0.1008	1.36867
0.7948	0.2052	1.37766
0.7089	0.2911	1.38412
0.5941	0.4059	1.39216
0.4983	0.5017	1.39836
0.4016	0.5984	1.40342
0.2987	0.7013	1.40890
0.2050	0.7950	1.41356
0.1030	0.8970	1.41855
0.00	1.00	1.42338

附录12 泰勒标准筛

网目 m /目(孔数/in)[①]	筛孔尺寸 a /μm	空隙率 ε /%	网目 m /目(孔数/in)[①]	筛孔尺寸 a /μm	空隙率 ε /%
3.5	5613	59.7	35.0	417	32.9
4.0	4699	54.8	42.0	351	33.7
5.0	3962	60.8	48.0	295	31.1
6.0	3327	61.5	60.0	246	33.7
7.0	2794	54.4	65.0	208	28.3
8.0	2360	55.4	80.0	175	30.5
9.0	1981	49.4	100.0	147	33.5
10.0	1651	42.2	115.0	124	31.5
12.0	1397	44.0	150.0	104	37.4
14.0	1168	42.0	170.0	89	35.2
16.0	991	38.9	200.0	74	33.9
20.0	833	43.0	250.0	61	35.8
24.0	701	43.8	270.0	53	31.8
28.0	589	42.2	325.0	43	29.6
32.0	495	38.8	400.0	38	36.4

① 1in=0.0254m。

附录13 环己烷-乙醇组成-折射率工作曲线（25℃）

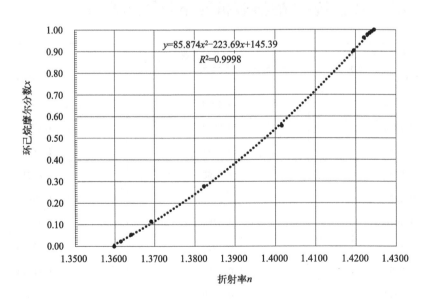

附表 14　常用正交表

L4(2³)

试验号	1	2	3
1	1	1	1
2	1	2	2
3	2	1	2
4	2	2	1

L8(2⁷)

试验号	1	2	3	4	5	6	7
1	1	1	1	1	1	1	1
2	1	1	1	2	2	2	2
3	1	2	2	1	1	2	2
4	1	2	2	2	2	1	1
5	2	1	2	1	2	1	2
6	2	1	2	2	1	2	1
7	2	2	1	1	2	2	1
8	2	2	1	2	1	1	2

L8(2⁷) 表头设计

因素数	1	2	3	4	5	6	7
3	A	B	A×B	C	A×C	B×C	
4	A	B	A×B C×D	C	A×C B×D	B×C A×D	D
4	A	B C×D	A×B	C B×D	A×C	D B×C	A×D
5	D×E	B C×D	A×B C×E	C B×D	A×C B×E	D A×E B×C	E A×D

L8(2⁷) 两列间的交互作用

实验号	1	2	3	4	5	6	7
(1)	(1)	3	2	5	4	7	6
(2)		(2)	1	6	7	4	5
(3)			(3)	7	6	5	4
(4)				(4)	1	2	3
(5)					(5)	3	2
(6)						(6)	1
(7)							(7)

L8(4×2⁴)

试验号	1	2	3	4	5
1	1	1	1	1	1
2	1	2	2	2	2
3	2	1	1	2	2
4	2	2	2	1	1
5	3	1	2	1	2
6	3	2	1	2	1
7	4	1	2	2	1
8	4	2	1	1	2

L8(4×2⁴) 表头设计

因素数	1	2	3	4	5
2	A	B	(A×B)1	(A×B)2	(A×B)3
3	A	B	C		
4	A	B	C	D	
5	A	B	C	D	E

L9(3⁴)

试验号	1	2	3	4
1	1	1	1	1
2	1	2	2	2
3	1	3	3	3
4	2	1	2	3
5	2	2	1	1
6	2	3	3	2
7	3	1	3	2
8	3	2	1	3
9	3	3	2	1

L12(2¹¹)

试验号	1	2	3	4	5	6	7	8	9	10	11
1	1	1	1	1	1	1	1	1	1	1	1
2	1	1	1	1	1	2	2	2	2	2	2
3	1	1	2	2	2	1	1	1	2	2	2
4	1	2	1	2	2	1	2	2	1	1	2
5	1	2	2	1	2	2	1	2	1	2	1
6	1	2	2	2	1	2	2	1	2	1	1
7	2	1	2	2	1	1	2	2	1	2	1
8	2	1	2	1	2	2	2	1	1	1	2
9	2	1	1	2	2	2	1	2	2	1	1
10	2	2	2	1	1	1	1	2	2	1	2
11	2	2	1	2	1	2	1	1	1	2	2
12	2	2	1	1	2	1	2	1	2	2	1

$L_{16}(2^{15})$

实验号	1	2	3	4	5	6	7	8	9	10	11	12	13	14	15
1	1	1	1	1	1	1	1	1	1	1	1	1	1	1	1
2	1	1	1	1	1	1	1	2	2	2	2	2	2	2	2
3	1	1	1	2	2	2	2	1	1	1	1	2	2	2	2
4	1	1	1	2	2	2	2	2	2	2	2	1	1	1	1
5	1	2	2	1	1	2	2	1	1	2	2	1	1	2	2
6	1	2	2	1	1	2	2	2	2	1	1	2	2	1	1
7	1	2	2	2	2	1	1	1	1	2	2	2	2	1	1
8	1	2	2	2	2	1	1	2	2	1	1	1	1	2	2
9	2	1	2	1	2	1	2	1	2	1	2	1	2	1	2
10	2	1	2	1	2	1	2	2	1	2	1	2	1	2	1
11	2	1	2	2	1	2	1	1	2	1	2	2	1	2	1
12	2	1	2	2	1	2	1	2	1	2	1	1	2	1	2
13	2	2	1	1	2	2	1	1	2	2	1	1	2	21	1
14	2	2	1	1	2	2	1	2	1	1	2	2	1	1	2
15	2	2	1	2	1	1	2	1	2	2	1	2	1	1	2
16	2	2	1	2	1	1	2	2	1	1	2	1	2	2	1

$L_{16}(2^{15})$ 两列间的交互作用

实验号	1	2	3	4	5	6	7	8	9	10	11	12	13	14	15
(1)	(1)	3	2	5	4	7	6	9	8	11	10	13	12	15	14
(2)		(2)	1	6	7	4	5	10	11	8	9	14	15	12	13
(3)			(3)	7	6	5	4	11	10	9	8	15	14	13	12
(4)				(4)	1	2	3	12	13	14	15	8	9	10	11
(5)					(5)	8	2	13	12	15	14	9	8	11	10
(6)						(6)	1	14	15	12	13	10	11	8	9
(7)							(7)	15	14	13	12	11	10	9	8
(8)								(8)	1	2	8	4	5	6	1
(9)									(9)	8	2	5	4	1	6
(10)										(10)	1	6	1	4	5
(11)											(11)	7	6	5	4
(12)												(12)	1	2	3
(13)													(13)	3	2
(14)														(14)	1

$L16(2^{15})$ 表头设计

因素数	1	2	3	4	5	6	7	8	9	10	11	12	13	14	15
4	A	B	A×B	C	A×C	B×C		D	A×D	B×D		C×D			
5	A	B	A×B	C	A×C	B×C	D×E	D	A×D	B×D	C×E	C×D	B×E	A×E	E
6	A	B	A×B D×E	C	A×C D×F	B×C E×F C×F		D	A×D B×E	B×D A×E	E	C×D A×F	F		C×E B×F
7	A	B	A×B D×E F×G	C	A×C D×F E×G	B×C E×F D×G		D	A×D B×E C×F	B×D A×E C×G	E	C×D A×F B×G	F	G	C×E B×F A×G
8	A	B	A×B D×E F×G C×H	C	A×C D×F E×G B×H	B×C E×F D×G A×H	H	D	A×D B×E C×F G×H	B×D A×E C×G F×H	E	C×D A×F B×G E×H	F	G	C×E B×F A×G D×H

$L16(4\times2^{12})$

试验号	1	2	3	4	5	6	7	8	9	10	11	12	13
1	1	1	1	1	1	1	1	1	1	1	1	1	1
2	1	1	1	1	1	2	2	2	2	2	2	2	2
3	1	2	2	2	2	1	1	1	1	2	2	2	2
4	1	2	2	2	2	2	2	2	2	1	1	1	1
5	2	1	1	2	2	1	1	2	2	1	1	2	2
6	2	1	1	2	2	2	2	1	1	2	2	1	1
7	2	2	2	1	1	1	1	2	2	2	2	1	1
8	2	2	2	1	1	2	2	1	1	1	1	2	2
9	3	1	2	1	2	1	2	1	2	1	2	1	2
10	3	1	2	1	2	2	1	2	1	2	1	2	1
11	3	2	1	2	1	1	2	2	1	1	2	2	1
12	3	2	1	2	1	2	1	1	2	2	1	1	2
13	4	1	2	2	1	1	2	1	2	2	1	2	1
14	4	1	2	2	1	2	1	2	1	1	2	1	2
15	4	2	1	1	2	1	2	2	1	2	1	1	2
16	4	2	1	1	2	2	1	1	2	1	2	2	1

$L16(4\times2^{12})$ 表头设计

因素数	1	2	3	4	5	6	7	8	9	10	11	12	13
3	A	B	(A×B)1	(A×B)2	(A×B)3	C	(A×B)1	(A×B)2	(A×B)3				
4	A	B	(A×B)1 C×D	(A×B)2	(A×B)3	C	(A×C)1 B×D	(A×C)2	(A×C)3	B×C (A×D)1	D	(A×D)3	(A×D)2
5	A	B	(A×B)1 C×D	(A×B)2 C×E	(A×B)3	C	(A×C)1 B×D	(A×C)2 B×E	(A×C)3	B×C (A×D)1 (A×E)2	D (A×E)3	E (A×D)3	(A×E)1 (A×D)2

$L16(4^2\times 2^9)$

试验号	1	2	3	4	5	6	7	8	9	10	11
1	1	1	1	1	1	1	1	1	1	1	1
2	1	2	1	1	1	2	2	2	2	2	2
3	1	3	2	2	2	1	1	1	2	2	2
4	1	4	2	2	2	2	2	2	1	1	1
5	2	1	1	2	2	1	2	2	1	2	2
6	2	2	1	2	2	2	1	1	2	1	1
7	2	3	2	1	1	1	2	2	2	1	1
8	2	4	2	1	1	2	1	1	1	2	2
9	3	1	2	1	2	2	1	2	2	1	2
10	3	2	2	1	2	1	2	1	1	2	1
11	3	3	1	2	1	2	1	2	1	2	1
12	3	4	1	2	1	1	2	1	2	1	2
13	4	1	2	2	1	2	2	1	2	2	1
14	4	2	2	2	1	1	1	2	1	1	2
15	4	3	1	1	2	2	2	1	1	1	2
16	4	4	1	1	2	1	1	2	2	2	1

$L16(4^3\times 2^6)$

试验号	1	2	3	4	5	6	7	8	9
1	1	1	1	1	1	1	1	1	1
2	1	2	2	1	1	2	2	2	2
3	1	3	3	2	2	1	1	2	2
4	1	4	4	2	2	2	2	1	1
5	2	1	2	2	2	1	2	1	2
6	2	2	1	2	2	2	1	2	1
7	2	3	4	1	1	1	2	2	1
8	2	4	3	1	1	2	1	1	2
9	3	1	3	1	2	2	2	2	1
10	3	2	4	1	2	1	1	1	2
11	3	3	1	2	1	2	2	1	2
12	3	4	2	2	1	1	1	2	1
13	4	1	4	2	1	2	1	2	2
14	4	2	3	2	1	1	2	1	1
15	4	3	2	1	2	2	1	1	1
16	4	4	1	1	2	1	2	2	2

$L16(4^4\times 2^3)$

试验号	1	2	3	4	5	6	7
1	1	1	1	1	1	1	1
2	1	2	2	2	1	2	2
3	1	3	3	3	2	1	2
4	1	4	4	4	2	2	1
5	2	1	2	3	2	2	1
6	2	2	1	4	2	1	2
7	2	3	4	1	1	2	2
8	2	4	3	2	1	1	1
9	3	1	3	4	1	2	2
10	3	2	4	3	1	1	1
11	3	3	1	2	2	2	1
12	3	4	2	1	2	1	2
13	4	1	4	2	2	1	2
14	4	2	3	1	2	2	1
15	4	3	2	4	1	1	1
16	4	4	1	3	1	2	2

参 考 文 献

[1] 柴诚敬,贾绍义. 化工原理(上下册). 4版. 北京:高等教育出版社,2022.
[2] 夏清,贾绍义. 化工原理(上下册). 2版. 天津:天津大学出版社,2012.
[3] 吕树申,莫冬传,祁存谦. 化工原理. 4版. 北京:化学工业出版社,2022.
[4] 夏清,陈常贵. 化工原理(上下册). 修订版. 天津:天津大学出版社,2007.
[5] 张金利,郭翠梨,胡瑞杰,范江洋. 化工原理实验. 2版. 天津:天津大学出版社,2016.
[6] 杨祖荣. 化工原理实验. 2版. 北京:化学工业出版社,2022.
[7] 牟宗刚. 化工原理实验. 北京:科学出版社,2012.
[8] 姚跃良. 化学工程与工艺专业实验. 北京:化学工业出版社,2019.
[9] 邵荣,许伟,冒爱荣,郁桂云. 化学工程与工艺实验. 上海:华东理工大学出版社,2010.
[10] 中石化上海工程有限公司. 化工工艺设计手册. 5版. 北京:化学工业出版社,2018.
[11] 王子宗. 石油化工设计手册标准规范. 修订版. 北京:化学工业出版社,2015.
[12] 李学聪. 化工仪表及自动化. 2版. 北京:机械工业出版社,2023.
[13] 陈新志. 化工热力学. 5版. 北京:化学工业出版社,2020.
[14] 米镇涛. 化学工艺学. 2版. 北京:化学工业出版社,2019.
[15] 王晓琴. 炼焦工艺. 3版. 北京:化学工业出版社,2015.
[16] 陈洪钫. 化工分离过程. 2版. 北京:化学工业出版社,2014.
[17] 王永刚,周国江. 煤化工工艺学. 徐州:中国矿业大学出版社,2014.
[18] 朱炳辰. 化学反应工程. 5版. 北京:化学工业出版社,2012.